Fachwissen Technische Akustik

Diese Reihe behandelt die physikalischen und physiologischen Grundlagen der Technischen Akustik, Probleme der Maschinen- und Raumakustik sowie die akustische Messtechnik. Vorgestellt werden die in der Technischen Akustik nutzbaren numerischen Methoden einschließlich der Normen und Richtlinien, die bei der täglichen Arbeit auf diesen Gebieten benötigt werden.

Weitere Bände in der Reihe http://www.springer.com/series/15809

Michael Möser
(Hrsg.)

Wasserschallmessungen

Herausgeber
Michael Möser
Institut für Technische Akustik
Technische Universität Berlin
Berlin, Deutschland

ISSN 2522-8080   ISSN 2522-8099   (electronic)
Fachwissen Technische Akustik
ISBN 978-3-662-56637-4   ISBN 978-3-662-56638-1   (eBook)
https://doi.org/10.1007/978-3-662-56638-1

Die Deutsche Nationalbibliothek verzeichnet diese Publikation in der Deutschen Nationalbibliografie; detaillierte bibliografische Daten sind im Internet über http://dnb.d-nb.de abrufbar.

Springer Vieweg
© Springer-Verlag GmbH Deutschland, ein Teil von Springer Nature 2018
Das Werk einschließlich aller seiner Teile ist urheberrechtlich geschützt. Jede Verwertung, die nicht ausdrücklich vom Urheberrechtsgesetz zugelassen ist, bedarf der vorherigen Zustimmung des Verlags. Das gilt insbesondere für Vervielfältigungen, Bearbeitungen, Übersetzungen, Mikroverfilmungen und die Einspeicherung und Verarbeitung in elektronischen Systemen.
Die Wiedergabe von Gebrauchsnamen, Handelsnamen, Warenbezeichnungen usw. in diesem Werk berechtigt auch ohne besondere Kennzeichnung nicht zu der Annahme, dass solche Namen im Sinne der Warenzeichen- und Markenschutz-Gesetzgebung als frei zu betrachten wären und daher von jedermann benutzt werden dürften.
Der Verlag, die Autoren und die Herausgeber gehen davon aus, dass die Angaben und Informationen in diesem Werk zum Zeitpunkt der Veröffentlichung vollständig und korrekt sind. Weder der Verlag noch die Autoren oder die Herausgeber übernehmen, ausdrücklich oder implizit, Gewähr für den Inhalt des Werkes, etwaige Fehler oder Äußerungen. Der Verlag bleibt im Hinblick auf geografische Zuordnungen und Gebietsbezeichnungen in veröffentlichten Karten und Institutionsadressen neutral.

Gedruckt auf säurefreiem und chlorfrei gebleichtem Papier

Springer Vieweg ist ein Imprint der eingetragenen Gesellschaft Springer-Verlag GmbH, DE und ist ein Teil von Springer Nature
Die Anschrift der Gesellschaft ist: Heidelberger Platz 3, 14197 Berlin, Germany

Inhaltsverzeichnis

Wasserschallmessungen 1
Jan Abshagen
1   Einleitung 1
2   Grundlagen 3
3   Meeresakustische Randbedingungen 11
4   Stationäre und driftende Sensorsysteme 17
5   Geschleppte Sensorsysteme 28
6   Aktive Messsysteme und -verfahren 33
7   Anhang 40
Literatur. 42

Autorenverzeichnis

Dr. Jan Abshagen Wehrtechnische Dienststelle für Schiffe und Marinewaffen, Maritime Technologie und Forschung (WTD 71), Eckernförde, Deutschland

Wasserschallmessungen

Jan Abshagen

Zusammenfassung

In diesem Kapitel werden passive und aktive hydroakustische Messsysteme und -verfahren vorgestellt, die für Wasserschallmessungen im Meer verwendet werden. Auch wenn viele Verfahren aus dem Bereich des Luftschalls grundsätzlich auf Wasserschall übertragbar sind, so ergeben sich aufgrund der akustischen Eigenschaften des Meeres und der begrenzenden Flächen (Meeresboden und -oberfläche) sowie der spezifischen Eigenschaften der hydroakustischen Messtechnik doch signifikante Unterschiede. Nach einer Einführung in die für Wasserschallmessungen gebräuchlichen Mess- und (spektralen) Pegelgrößen und die Grundlagen der hydroakustischen Sensorik wird ein Überblick über die meeresakustischen Randbedingungen gegeben. Für jede Wasserschallmessung ist die Kenntnis der Schallausbreitungsbedingungen und der Umgebungsgeräusche im Meer von zentraler Bedeutung. Anhand von zwei typischen Messaufgaben, der Bestimmung des Quell- oder Zielpegels eines Schiffes sowie der Bestimmung von Rammschall bei der Errichtung von Offshore-Windenergieanlagen, werden dann unterschiedliche stationäre und driftende Sensorsysteme im Detail vorgestellt. Anschließend wird auf die Vor- und Nachteile von geschleppten Sensorsystemen, wie der horizontalen Richtungsbildung und dem strömungsinduzierten Eigenstörgeräusch, näher eingegangen. Im letzten Abschnitt dieses Kapitels werden aktive Verfahren und Systeme behandelt, die bei Untersuchungen des Meeresbodens, der Schallausbreitung im Meer und der Rückstreu- und Absorptionseigenschaften getauchter Objekte sowie bei der Kalibrierung von hydroakustischen Antennen Verwendung finden.

1 Einleitung

Schall breitet sich im Wasser, wie auch in Luft, als reine Longitudinalwelle aus, wobei sich die physikalischen Eigenschaften des Wasserschalls vor allem quantitativ von denen des Luftschalls unterscheiden. Die erheblich unterschiedlichen Werte der Kompressibilität und der Dichte von Meerwasser gegenüber denen von Luft bestimmen dabei maßgeblich die Akustik des Meeres. Die daraus abgeleiteten physikalischen Größen, wie die Schallgeschwindigkeit und der Wellenwiderstand, sowie die Absorption, deren Mechanismen sich auch qualitativ von denen in der Luft unterscheiden können, haben eine große Bedeutung für die Ausbreitung von Wasserschallsignalen sowie für die Auslegung von Empfangs- und Sendesystemen, die an die Impedanz- und Ausbreitungsbedingungen

J. Abshagen
Wehrtechnische Dienststelle für Schiffe und Marinewaffen, Maritime Technologie und Forschung (WTD 71), Eckernförde, Deutschland

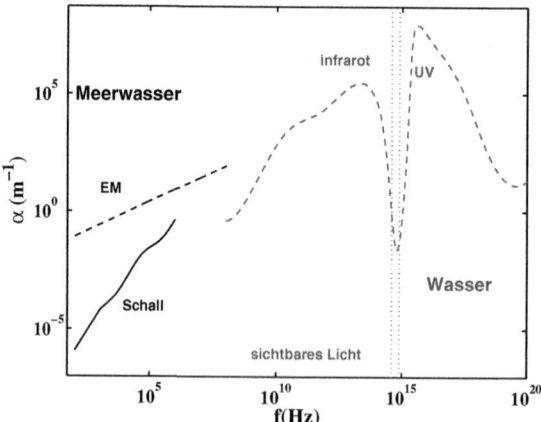

Abb. 1 Absorptionskoeffizient von Schall $\alpha = \alpha(\text{Borsäure}) + \alpha(\text{MgSO}_4) + \alpha(\text{H}_2\text{O})$ [1] und von elektromagnetischen Wellen (EM) gemäß $\alpha\,(\text{m}^{-1}) = 8{,}4 \cdot 10^{-3} \sqrt{f(Hz)}$ [2] in Meerwasser. Zum Vergleich ist der Absorptionskoeffizient von elektromagnetischen Wellen in reinem Wasser für höhere Frequenzen dargestellt. (siehe [1])

im Meer angepasst sein müssen. Auch wenn zahlreiche Konzepte aus dem Bereich der Luftschallmessungen prinzipiell auf Wasserschallmessungen übertragbar sind, ergeben sich aufgrund der unterschiedlichen physikalischen Eigenschaften des Mediums Wasser bei hydroakustischen Messungen im Meer deutliche Unterschiede sowohl in der Messtechnik als auch in der Messmethodik.

Insbesondere die sehr viel geringere Absorption von Wasserschall im Vergleich zur Absorption elektromagnetischer Wellen im Wasser hat zur Folge, dass Schall der einzige Wellentyp ist, der sich über größere Distanzen im Meer ausbreiten kann. Dieses lässt sich an den in Abb. 1 dargestellten Absorptionskoeffizienten für beide Wellentypen ablesen. Nur sichtbares Licht und elektromagnetische Längstwellen können in einem relevanten Maße ins Meer eindringen, auch wenn typische Eindringtiefen bei Längstwellen nur im Bereich von einigen zehn Metern und bei sichtbarem Licht nur bei einigen hundert Metern bis zu wenigen Kilometern (je nach Trübung des Meeres deutlich niedriger) liegen, während sich bei tiefen Frequenzen Schall über viele Kilometer (bis zu einigen tausend Kilometern) im Meer ausbreiten kann.

Nicht nur die Absorptionseigenschaften von Wasser beeinflussen die Ausbreitung des Schalls im Meer, sondern auch die Reflexionseigenschaften der begrenzenden Flächen, der Meeresoberfläche und des Meeresbodens. Der um drei Größenordnungen größere Wellenwiderstand des Meerwassers gegenüber dem der darüber liegenden Luft führt dazu, dass die Meeresoberfläche im Prinzip eine schallweiche Randbedingung für Wasserschall darstellt, während eine Wasserschallwelle wegen des deutlich geringeren Impedanzsprunges in vielen Regionen des Meeres in den Meeresboden eindringen kann. In der Wassersäule führt zudem die starke Abhängigkeit der Schallgeschwindigkeit von Temperatur, Salzgehalt und Druck dazu, dass Signalwege im Meer durch Schallbrechung signifikant beeinflusst werden können. Es kann dabei zur Bildung von Schallkanälen kommen, die gegenüber der sphärischen Ausbreitung einen deutlich reduzierten geometrischen Ausbreitungsverlust aufweisen. Weitere Einflussgrößen auf die Schallausbreitung im Meer bilden der Nachhall, das Vorhandensein von Gasblasen z. B. durch Blaseneinschlag an der Meeresoberfläche sowie die Meeresflora und -fauna. Nicht zuletzt können hydrodynamische Fluktuationen im Meer, die durch Turbulenz oder Oberflächenwellen entstehen, die Eigenschaften von Wasserschallsignalen stark beeinträchtigen. Bei jeder Wasserschallmessung ist es daher notwendig, neben den hydroakustischen Messgrößen auch die entsprechenden Umweltparameter zu bestimmen, um die Schallausbreitungsbedingungen und deren Variabilität zu ermitteln.

Ein weiterer, für Wasserschallmessungen wesentlicher Aspekt ergibt sich unmittelbar aus der im Vergleich zu der von Luft um ungefähr den Faktor 4,4 höheren Schallgeschwindigkeit von Meerwasser, welche im Bereich von $c = 1500\,\text{ms}^{-1}$ liegt (siehe Abschn. 2.1.3). Aufgrund der Beziehung $c = \lambda \cdot f$ hat eine Wasserschallwelle bei gegebener Frequenz f daher auch eine um diesen Faktor größere Wellenlänge λ als die entsprechende Luftschallwelle, sodass, um die gleiche räumliche Abtastung und Wellenzahlauflösung zu erreichen, Sensorabstände und die Gesamtlänge einer hydroakustischen Antenne für eine Wasserschallmessung ebenfalls um diesen Faktor größer sein müssen. Dieses ist insbesondere für schiffsakustische Messungen von Relevanz, da wesentliche Geräuschbeiträge typischerweise im Frequenzbereich von einigen wenigen bis zu mehreren hundert Hertz liegen, was Wellenlängen im Wasser in einer Größenordnung von einigen Metern bis zu mehreren hundert Metern entspricht.

Im Meer gibt es vielfältige Ursachen für die Entstehung von Geräuschen. Natürliche Geräusche entstehen z. B. durch Wind, Regen und seismische Ereignisse sowie durch Meeresbewegsen. Einen großen Anteil am Schalleintrag ins Meer haben aber auch Schiffe und andere meerestechnische Strukturen, wie z. B. Offshore-Windenergieanlagen, bei deren Errichtung sogenannter *Rammschall* entsteht.

Den Schwerpunkt in diesem Kapitel bildet die Messung *von* Wasserschall, der von meerestechnischen Geräuschquellen abgestrahlt wird. Dabei werden zunächst die relevanten Messgrößen und signaltheoretischen Konzepte (Abschn. 2) sowie die meeresakustischen Randbedingungen (Abschn. 3) für Wasserschallmessungen erläutert, um dann auf die Besonderheiten von ortsfesten (Abschn. 4) und geschleppten (Abschn. 5) Sensorsystemen und den damit verbundenen Messverfahren einzugehen. Im letzten Abschn. 6 werden aktive Messsysteme und -verfahren dargestellt, die zur Messung von meeresakustischen Größen bzw. hydroakustischen Eigenschaften von getauchten Objekten verwendet werden.

Eine wesentliche Anwendung von Wasserschall sind Sonar-Systeme (**So**und **na**vigation and **r**anging), bei denen definierte Wasserschallsignale ausgesendet werden, um auf Grundlage signaltheoretischer Konzepte aus dem rückgestreuten Schall Objekte im Meer zu orten, ggf. zu verfolgen, und zu klassifizieren bzw. zu identifizieren. Einige der in diesem Kapitel vorgestellten Messsysteme können prinzipiell in Sonar-Systemen Verwendung finden, für die über die eigentliche Wasserschallmessung hinausgehenden Aspekte von Sonar-Verfahren sei aber auf die umfangreiche Literatur verwiesen [3–6].

2 Grundlagen

Der Schalldruck p (genauer der Schallwechseldruck) ist die wichtigste Messgröße zur Charakterisierung eines Schallfeldes im Meer. Untersuchungen von Wasserschall basieren in der Praxis immer auf Messungen des Schalldruckes an einem oder an mehreren Orten, da die Messung der Schallschnelle $\mathbf{v}$ im Wasser noch immer eine große messtechnische Herausforderung darstellt[1]. Die wesentliche Ursache hierfür liegt in der Tatsache, dass Wasser im Vergleich zur Luft eine wesentlich geringere Kompressibilität besitzt, d. h. wesentlich *härter* ist (siehe Abschn. 2.1.3).

Eine ebene Schallwelle mit Wellenvektor $\mathbf{k}$ und Kreisfrequenz ω lässt sich für den Schalldruck $p(t, \mathbf{x})$ (und analog für die Schallschnelle $\mathbf{v}(t, \mathbf{x})$) darstellen als:

$$p(t, \mathbf{x}) = \hat{p} e^{i(\omega \cdot t - \mathbf{k} \cdot \mathbf{x})} \quad (1)$$

---

[1] Es gibt Schnellemessverfahren, die auf MEMS basieren [7]. Mit derartigen Verfahren lassen sich im Prinzip sogenannte *Vektorsensoren* realisieren, d. h. Sensoren die gleichzeitig den Schalldruck und die Schallschnelle an einem Ort messen können [8,9].

Der Wellenvektor $\mathbf{k} = (k_x, k_y, k_z)$ gibt dabei die (Kreis-)Wellenzahl $k = |k|$ (bzw. die Wellenlänge über die Beziehung $\lambda = 2\pi k^{-1}$) als auch die Ausbreitungsrichtung an. Die Kreisfrequenz ω ergibt sich aus der Frequenz f durch $\omega = 2\pi f$. Anstelle der Amplitude $\hat{p}$ wird in der Regel der Effektivwert $\tilde{p}$ (auch p_eff oder p_rms für *root mean square*) des Schalldruckes betrachtet, welcher sich für ein stationäres Messsignal $p(t)$ an einem Ort aus der zeitlichen Mittelung[2] über eine Messzeit[3] T, die hinreichend groß (theoretisch $T \to \infty$) zu wählen ist, ergibt:

$$\tilde{p} = \sqrt{\overline{p^2(t)}} \qquad (2)$$

Analog wird im Prinzip der Effektivwert $\hat{v}$ der Schallschnelle bestimmt. Der Zusammenhang von Schalldruck $\tilde{p}$ und Schallschnelle $\tilde{v}$ in Wasser mit der Dichte ρ und der Schallgeschwindigkeit c ist für eine ebene Welle mit dem Wellenwiderstand (Kennimpedanz) $\rho \cdot c$ gegeben durch

$$\tilde{p} = \rho \cdot c \cdot \tilde{v} \qquad (3)$$

Mit dieser Beziehung kann die Schallintensität $\mathbf{I} = p \cdot \mathbf{v}$ für eine ebene Welle aus dem Schalldruck p abgeleitet werden, auch wenn die Schallschnelle messtechnisch nicht zugänglich ist. Für diesen Fall gilt

$$\bar{I} = \tilde{p}^2/(\rho \cdot c) \qquad (4)$$

Hier bezeichnet $\bar{I} = \overline{p \cdot \mathbf{v}}$ den zeitlichen Mittelwert. Die Schallleistung einer Wasserschallquelle bestimmt sich dann aus dem (vektoriellen) Produkt der Schallintensität, die als Energieflussdichte die pro Flächenelement durchschallte Leistung angibt, und der durchschallten Fläche[4].

---

[2] Für Wasserschallmessungen wird der zeitliche Mittelwert $\overline{(\ldots)} = 1/T \int_0^T (\ldots) dt$ verwendet.

[3] Bei periodischen Signalen ist anstelle der Messzeit die Periodenlänge T zu wählen, sodass sich für das Signal einer ebenen Schallwelle an einem Ort $\tilde{p} = \hat{p}/\sqrt{2}$ und $\tilde{v} = \hat{v}/\sqrt{2}$ ergibt.

[4] Die Schallleistung berechnet sich aus $P = \int_A \mathbf{I} \cdot d\mathbf{A}$ für die durchschallte Fläche A bzw. aus $P = Ap\mathbf{v} \cdot \mathbf{n}$ bei senkrechtem Schalleinfall einer ebenen Welle auf eine ebene Fläche (mit Flächennormale $\mathbf{n}$).

2.1 Pegelgrößen

Wie in anderen Bereichen der Akustik werden auch bei Wasserschallmessungen üblicherweise die Messgrößen als Pegel angegeben. Ein Pegel ist im engen Sinne der Logarithmus einer leistungsäquivalenten Größe des Schallfeldes, die auf einen festen Referenzwert bezogen wird, wie z. B. der Quell- oder Zielpegel eines Schiffes (siehe Abschn. 3). Pegel unterscheiden sich von *Maßen*, bei welchen der Logarithmus des Verhältnisses von einer Ausgangs- zur einer Eingangsgröße betrachtet wird, wie z. B. beim Rückstreu- oder Ziel*maß*. Hier wird das Amplitudenverhältnis einer einfallenden zu der an einem Objekt gestreuten Schallwelle betrachtet (siehe Abschn. 6).

2.1.1 Schalldruckpegel

Da die Schallintensität eine leistungsäquivalente Größe darstellt, wird der Schallintensitätspegel aus der mittleren Intensität $\bar{I}$ bezogen auf den Referenzwert I_0 definiert als

$$L_I = 10 \cdot \log_{10}\left(\frac{\bar{I}}{I_0}\right) \qquad (5)$$

Die Angabe eines Pegels erfolgt, wie üblich, in *Dezibel* (dB). Mit Gl. 4 ergibt sich aus dieser Definition unmittelbar der Schalldruckpegel

$$L_p = 10 \cdot \log_{10}\left(\frac{\tilde{p}^2}{p_0^2}\right) = 20 \cdot \log_{10}\left(\frac{\tilde{p}}{p_0}\right) \qquad (6)$$

(bzw. *SPL*, engl. *sound pressure level*). Der Schallschnellepegel kann analog definiert werden, wobei als Referenzwert für Wasserschall $v_0 = 10^{-9}\,\text{ms}^{-1}$ verwendet wird. Da Wasserschallmessungen auf Messungen der Schalldruckes basieren, wird der Referenzwert des Schalldruckpegels festgelegt zu

$$p_0 = 1\mu Pa \qquad (7)$$

und der Schalldruckpegel L_p angegeben in $\text{dB}_{re1\mu Pa}$. Der Wert der Referenzintensität I_0 wird aus dem des Referenzdruckes p_0 konsistent über die Beziehung $I_0 = p_0^2/(\rho c)$ (Gl. 4) abgeleitet. Er beträgt $I_0 \approx 0{,}6496 \times 10^{-18}\,\mathrm{W\,m^{-2}}$ [10].

2.1.2 Impulsartige Geräusche

Zur Bewertung von impulsartigen Wasserschallsignalen, wie sie z. B. bei der Errichtung von Offshore-Windparks auftreten[5], werden drei unterschiedliche Pegel verwendet. Dabei entspricht die Definition des *äquivalenten Dauerschallpegels* (oder Mittelungspegels) L_{eq} der Definition des Schalldruckpegels (Gl. 6). Weiterhin wird der *Einzelereignispegel* (eng. sound exposure level, SEL)

$$L_E = 10 \cdot \log_{10}\left(\frac{E}{E_0}\right) \qquad (8)$$

verwendet, wobei $E = T \cdot \overline{p^2(t)}$ die *Schallexposition* und $E_0 = T_0 \cdot p_0^2$ (mit $T_0 = 1\,\mathrm{s}$) die Bezugsgröße bezeichnet. Die Mittelungszeit entspricht der Dauer des Ereignisses. Nicht zuletzt wird der Spitzendruckpegel $p_{peak} = \max(|p(t)|)$ eines Einzelereignisses betrachtet, der wie folgt definiert ist:

$$L_{peak} = 20 \cdot \log_{10}\left(\frac{p_{peak}}{p_0}\right) \qquad (9)$$

2.1.3 Wasserschallpegel

Wasserschallpegel unterscheiden sich von Luftschallpegeln zunächst durch den verwendeten Referenzwert p_0. Dieser beträgt für Wasserschall $1\,\mu\mathrm{Pa}$ und nicht $20\,\mu\mathrm{Pa}$, wie für Luftschall, und liegt damit um den Faktor 20 niedriger. Bei gleichem Effektivwert des Schalldruckes liegt der Schalldruckpegel einer Wasserschallwelle daher um $20 \cdot \log_{10}(20) \approx 26\,\mathrm{dB}$ höher als der einer Luftschallwelle, d. h.

$$L_{p,Wasser} = L_{p,Luft} + 26\,\mathrm{dB} \quad \text{für} \quad \tilde{p}_{Wasser} = \tilde{p}_{Luft} \qquad (10)$$

Bei gleichem Effektivwert der Schallschnelle ($\tilde{v}_{Wasser} = \tilde{v}_{Luft}$) liegt der Schallschnellepegel für Wasserschall um $20 \cdot \log_{10}(50) \approx 34\,\mathrm{dB}$ höher, da der Referenzwert $v_0 = 10^{-9}\,\mathrm{m}$ anstelle des Wertes $v_0 = 5 \cdot 10^{-8}\,\mathrm{m}$ für Luft- und Körperschall verwendet wird.

Bei einem Vergleich von Luftschall- und Wasserschallquellen ist es vom physikalischen Standpunkt aus sinnvoll, Quellen mit gleicher Schallintensität ($\bar{I}_{Wasser} = \bar{I}_{Luft}$) zu betrachten[6]. Da die Schallintensität mit dem Schalldruck (für eine ebene Welle) über den Wellenwiderstand zusammenhängt (Gl. 4), ist für das Verhältnis des Wellenwiderstandes der Luft zu dem des Wassers das der Effektivwerte von Schalldruck und -schnelle im jeweiligen Medium maßgebend. Für typische Werte von Dichte und Schallgeschwindigkeit[7] ergibt sich:

$$\frac{(\rho \cdot c)_{Wasser}}{(\rho \cdot c)_{Luft}} \approx 3678 \qquad (11)$$

Bei gleicher Schallintensität haben daher Wasserschall- und Luftschallwellen signifikant unterschiedliche Effektivwerte in Schalldruck und Schallschnelle, die sich mit den Gl. 4 und 11 ergeben zu:

$$\tilde{p}_{Wasser} \approx 61 \cdot \tilde{p}_{Luft} \quad \text{und} \quad \tilde{v}_{Wasser} \approx \tilde{v}_{Luft}/61 \qquad (12)$$

Bei gleicher Schallintensität besteht daher eine weitere Differenz im Schalldruckpegel von $20 \cdot \log_{10}(61) \approx 35{,}7\,\mathrm{dB}$, d. h. es gilt:

---

[5] Eine Messvorschrift für Wasserschallmessungen bei Offshore-Windparks, in der auch die hier dargestellten Pegeldefinition für impulsartige Geräusche erläutert werden, findet sich beim Bundesamt für Seeschifffahrt und Hydrographie (BSH) [11].

[6] Der Vergleich zwischen Luft- und Wasserschallpegeln wird auch im Zusammenhang mit möglichen Auswirkungen von Schallereignissen auf die biologische Umwelt diskutiert [12, 13].

[7] Für Meerwasser mit einer Temperatur von $13\,°\mathrm{C}$ und einem Salzgehalt von $34{,}75\%$ auf $10\,\mathrm{m}$ Tiefe ergibt sich eine Schallgeschwindigkeit $c_{Wasser} = 1500{,}0\,\mathrm{m\,s^{-1}}$ und eine Dichte von $\rho_{Wasser} = 1026{,}24\,\mathrm{kg\,m^{-3}}$ und damit ein Wellenwiderstand von $(\rho c)_{Wasser} = 1{,}5394 \times 10^6\,\mathrm{N\,s\,m^{-3}}$. Der vergleichbare Wert für den Wellenwiderstand der Luft auf Höhe der Meeresoberfläche beträgt hingegen $(\rho c)_{Luft} = 418{,}5\,\mathrm{N\,s\,m^{-3}}$, wobei in diesem Fall trockene Luft mit einer Schallgeschwindigkeit $c_{Luft} = 339{,}3\,\mathrm{m/s}$ und einer Dichte $\rho_{Luft} = 1{,}2335\,\mathrm{kg\,m^{-3}}$ zugrunde gelegt wird.

Tab. 1 Zusammenstellung der unterschiedlichen Werte und Pegel von Wasser- und Luftschall

Eigenschaft[a]	Wasser[a,b]	Luft[a]
Schallgeschwindigkeit ($m\,s^{-1}$)	1500	339
Dichte ($kg\,m^{-3}$)	$1{,}026 \times 10^3$	1,23
Wellenwiderstand ($N\,s\,m^{-3}$)	$1{,}539 \times 10^6$	417
Referenzwert Schallschnelle ($m\,s^{-1}$)	10^{-9}	5×10^{-8}
Referenzwert Schalldruck (μPa)	1	20
Schallschnellepegel[c]	$L_{v,Luft} + 34\,dB$	$L_{v,Wasser} - 34\,dB$
Schalldruckpegel[d]	$L_{p,Luft} + 26\,dB$	$L_{p,Wasser} - 26\,dB$
Schallschnellepegel[e]	$L_{v,Luft} - 1{,}7\,dB$	$L_{v,Wasser} + 1{,}7\,dB$
Schalldruckpegel[e]	$L_{p,Luft} + 61{,}7\,dB$	$L_{p,Wasser} - 61{,}7\,dB$

[a]bei einer Temperatur $T = 13\,°C$
[b]bei einer Salinität S = 34,75‰.
[c]für eine ebene Welle bei gleicher Schallschnelle $\tilde{v}_{Wasser} = \tilde{v}_{Luft}$
[d]für eine ebene Welle bei gleichem Schalldruck $\tilde{p}_{Wasser} = \tilde{p}_{Luft}$
[e]für eine ebene Welle bei gleicher Schallintensität $\bar{I}_{Wasser} = \bar{I}_{Luft}$

$$L_{p,Wasser} = L_{p,Luft} + 26\,dB + 35{,}7\,dB$$
$$= 61{,}7\,dB \quad \text{für} \quad \bar{I}_{Wasser} = \bar{I}_{Luft} \tag{13}$$

Für den Schallschnellepegel ergibt sich entsprechend:

$$L_{v,Wasser} = L_{v,Luft} + 34\,dB - 35{,}7\,dB$$
$$= -1{,}7\,dB \tag{14}$$

Schnellepegel von Luft- und Wasserschall besitzen daher bei gleicher Schallintensität ungefähr den gleichen Zahlenwert, auch wenn die Effektivwerte der Schnelle im Wasser deutlich kleiner sind als in der Luft. Die Unterschiede von Luftschall und Wasserschall sind in Tab. 1 zusammengestellt.

2.2 Spektralanalyse

Die Zerlegung eines Wasserschallsignals in spektrale Komponenten ist für die Charakterisierung und Bewertung einzelner Geräuschbeiträge sowie für die Identifikation von Schallquellen von fundamentaler Bedeutung. Häufig setzt sich ein Wasserschallsignal aus einem breitbandigen Anteil, z. B. dem Umgebungsgeräusch oder dem Kavitationsgeräusch von Schiffspropellern, und einzelnen Frequenzlinien zusammen, welche z. B. von Aggregaten auf einem Schiff herrühren können. Bei Wasserschallmessungen werden meist Schmalbandanalysen oder Terzbandanalysen durchgeführt.

2.2.1 Spektrale Leistungsdichte

Theoretischer Ausgangspunkt der Spektralanalyse ist die spektrale Leistungsdichte[8] $\Phi_{pp}(\omega)$. Sie ist durch das Wiener-Khinchin Theorem als Fourier-Transformierte der Autokorrelationsfunktion $P(\tau) = \overline{p(t)p(t-\tau)}$ mit Zeitverzögerung τ sowohl für breitbandige Rauschprozesse als auch für schmalbandige Signale definiert[9]:

$$\Phi_{pp}(\omega) = \frac{1}{2\pi} \int_{-\infty}^{\infty} P(\tau) e^{i\omega\tau} d\tau \tag{15}$$

Bei einer Spektralanalyse wird ein Messsignal für diskrete, positive Frequenzen f_j (mit Index $j \geq 0$) analysiert, indem die diskreten Komponenten $\Phi(f_j)$ der spektralen Leistungsdichte für jede Frequenz f_j geschätzt werden.

---

[8]Die theoretische spektrale Leistungsdichte besitzt die Symmetrie $\Phi_{pp}(\omega) = \Phi_{pp}(-\omega)$.
[9]Bei theoretischen Signalen wird die gesamte Zeit- und Frequenzachse betrachtet. Der zeitliche Mittelwert wird symmetrisch definiert, d.h. $\overline{(\ldots)} = \lim_{T \to \infty} (2T)^{-1} \int_{-T}^{T} (\ldots) dt$.

Durch die diskrete Analyse wird der (positive) Frequenzraum in Frequenzintervalle Δf_j unterteilt. Bei einer Schmalbandanalyse kann die Berechnung der Komponenten $\Phi(f_j)$ mittels der schnellen Fourier-Transformation (FFT) durchgeführt werden (siehe Anhang 7.1). Die Frequenzintervalle $\Delta f_j = \Delta f$ entsprechen in diesem Fall der Analysebandbreite und besitzen einen konstanten Wert. Der Zusammenhang zwischen den diskreten Komponenten $\Phi(f_j)$ und der theoretischen spektralen Leistungsdichte ergibt sich dann aus

$$\Phi(f_j) \cdot \Delta f = \int_{-\infty}^{\infty} \Phi_{pp}(\omega) |W_j(\omega)|^2 d\omega \quad (16)$$

Hier bezeichnet $W_j(\omega)$ das bei der Analyse verwendete, schmalbandige Spektralfilter, dessen Maxima symmetrisch bei $\omega = \pm 2\pi f_j$ liegen. Die Größe $P(f_j) := \Phi(f_j) \cdot \Delta f$ entspricht der Leistung im jeweiligen Frequenzband[10] und definiert das Leistungsspektrum. Die Gesamtleistung ergibt sich durch Summation über die diskreten Komponenten[11]

$$\tilde{p}^2 = \sum_{j \geq 0} \Phi(f_j) \cdot \Delta f = \sum_{j \geq 0} P(f_j) \quad (17)$$

Bei Schmalbandanalysen von stationären Wasserschallsignalen hat sich eine Analysebandbreite von $\Delta f = 1\,\text{Hz}$ für viele praktische Zwecke als sinnvoll erwiesen. Bei dieser Bandbreite können Wasserschalllinien in der Regel hinreichend fein aufgelöst und gleichzeitig der Hintergrundrauschpegel korrekt geschätzt werden. Daher wird bei Schmalbandanalysen meist diese Analysebandbreite gewählt.

2.2.2 Amplitudenspektrum

Für exakt periodische oder sehr schmalbandige Prozesse führt die (implizite) Normierung auf die Analysebandbreite bei der spektralen Leistungsdichte allerdings dazu, dass der Pegel in dem Analyseband von der Messzeit T abhängt und bei einer Vergrößerung der Messzeit (und damit Verringerung der Analysebandbreite) ansteigt. Für die Bestimmung der Amplituden von Frequenzlinien kann das Amplitudenspektrum $A(f_j)$ verwenden werden, welches sich aus dem Leistungsspektrum $P(f_j)$ ableiten lässt:

$$A(f_j) = \sqrt{P(f_j)} \quad (18)$$

Das auf diese Weise berechnete Amplitudenspektrum $A(f_j)$ liefert den Effektivwert der Amplitude $\hat{p}$ einer Schallwelle im Wasser. Wird ein anderes als das (zeitliche) Rechteckfenster verwendet, ist der Wert der Amplitude zu korrigieren (siehe Anhang 7.2).

2.2.3 Spektralpegel

Der Pegel der spektralen Leistungsdichte, kurz der Spektralpegel, wird entsprechend der Definition von Pegelgrößen gemäß

$$L_\Phi(f_j) = 10 \cdot \log_{10}\left(\frac{\Phi(f_j)}{(p_0^2/\Delta f_0)}\right) \quad (19)$$

in $\text{dB}_{rel\mu Pa^2/Hz}$

für jede Komponente $\Phi(f_j)$ berechnet. Die Referenzbandbreite beträgt $\Delta f_0 = 1\,\text{Hz}$ und entspricht damit bei Schmalbandanalysen in der Regel der Analysebandbreite Δf.

Ein (spektraler) Schalldruckpegel lässt sich im Prinzip auf zwei Arten definieren, wobei dessen Verwendung vom theoretischen Standpunkt aus nur für die Analyse von deterministischen Signalen (oder Signalanteilen) sinnvoll ist. Für periodische (oder in der Praxis schmalbandige) Prozesse, wie sie häufig bei stationären Wasserschallquellen auftreten, lässt sich der spektrale Schalldruckpegel aus dem Amplitudenspektrum wie folgt berechnen:

$$L_p(f_j) = 20 \cdot \log_{10}\left(\frac{A(f_j)}{p_0}\right) \quad \text{in } \text{dB}_{rel\mu Pa, 1Hz} \quad (20)$$

Dabei ist die Angabe des Analysebandbreite (hier 1 Hz) notwendig, um den Hintergrundrauschpegel

---

[10] Exakt gilt dieses nur für ein ideales Rechteckfilter $W_j(\omega)$, dessen Grenzen mit denen des Analysebandes zusammenfallen. In der Praxis gibt es jedoch immer einen spektralen Leck-Effekt zwischen den Analysebändern.

[11] Theoretisch ergibt sich das Quadrat des Effektivwertes eines Wasserschallsignal durch Integration über den gesamten Frequenzraum $\tilde{p}^2 = \int_{-\infty}^{\infty} \Phi_{pp}(\omega) d\omega$.

bewerten zu können. Für deterministische, breitbandige[12] Signale, wie sie z. B. bei aktiven Systemen auftreten, wird hingegen auch die spektrale Amplituden*dichte* $\mathscr{A}(f) = \sqrt{\Phi(f)}$ (in $dB_{rel\,\mu Pa/\sqrt{Hz}}$) verwendet. Das Amplitudendichtespektrum liefert für alle Analysebandbreiten konsistente Werte zur spektralen Leistungsdichte, während dieses beim Amplitudenspektrum nur für $\Delta f = 1\,Hz$ gilt. Für diese Bandbreite, die in der Regel bei Schmalbandanalysen verwendet wird, liefern alle drei Definitionen für jedes Frequenzband den gleichen Zahlenwert[13].

2.2.4 Terzpegelspektren

Terzpegelspektren können über (digitale) Filter im Zeitbereich oder durch Integration der spektralen Leistungsdichte im Frequenzbereich berechnet werden. Ein Terzpegelspektrum ist daher ein Leistungsspektrum, wobei sich die spektrale Leistung $P_{\Delta f_j}(f_j)$ (bzw. die spektrale Leistungsdichte $\Phi_{\Delta f_j}(f_j)$) auf das jeweilige Terzband Δf_j mit Mittenfrequenz f_j bezieht[14]:

$$\begin{aligned} L_P(f_j) &= 10 \cdot \log_{10}\left(\frac{P_{\Delta f_j}(f_j)}{p_0^2}\right) \\ &= 10 \cdot \log_{10}\left(\frac{\Phi_{\Delta f_j}(f_j)}{(p_0^2/\Delta f_0)}\right) \\ &\quad + 10 \cdot \log_{10}\left(\Delta f_j/\Delta f_0\right) \end{aligned} \quad (21)$$

Wegen der unterschiedlichen Terzbreiten Δf_j unterscheidet sich allerdings der spektrale Verlauf eines Terzpegelspektrum systematisch von dem eines Schmalbandspektrums. Häufig wird bei Wasserschallanalysen der Term $10 \cdot \log_{10}\left(\Delta f_j/\Delta f_0\right)$ von einem Terzpegelspektrum abgezogen, um einen qualitativ ähnlichen Verlauf zu einem Schmalbandspektrum zu erhalten. Die spektrale Leistungsdichte $\Phi_{\Delta f_j}(f_j)$ bezogen auf die Referenzwerte p_0 und Δf_0 wird als ein *auf* 1 Hz *Bandbreite normiertes* Terzspektrum bezeichnet.

2.3 Sensoren und Antennen

Die an einem Ort auftretenden Druckschwankungen $p(t)$ eines Wasserschallsignals werden mit einem Hydrophon gemessen, welches diese in ein Spannungssignal $u(t)$ umwandelt. Aus diesem Signal kann dann, nachdem es verstärkt und AD-gewandelt wurde, der Schalldruckpegel bzw. der Spektralpegel berechnet werden. Um Schallquellen durch Richtungsbildung *(beamforming)* lokalisieren und von anderen (Stör-)Quellen separieren zu können, muss der Schalldruck gleichzeitig an mehreren Orten mit einer hydroakustischen Antenne gemessen werden.

2.3.1 Hydroakustische Wandler

Die Wandlung des Schalldrucks kann auf unterschiedlichen Messprinzipien beruhen, wie dem elektroakustischen, magnetoakustischen oder opto-akustischen. Mit Abstand am weitesten verbreitet sind elektroakustische Wandler, die auf dem piezoelektrischen Effekt basieren. Durch Anlegen einer elektrischen Spannung an ein piezoelektrisches Material kommt es zu einer Längenänderung bzw. durch Anlegen einer mechanischen Spannung zu einer dielektrischen Verschiebung. Anstelle von piezoelektrischen Kristallen werden mittlerweile zumeist Keramiken, insbesondere das Material PZT (Blei-Zirkon-Titanat), für den Bau von Wasserschallwandlern verwendet. Der piezoelektrische Effekt ist linear und reziprok, sodass piezoelektrische Wandler im Prinzip sowohl für den Empfang als auch für das Senden von Wasserschall verwendet werden können. Sind Wandler für beides ausgelegt, so spricht man von reversiblen Wandlern. Speziell auf den Empfang

---

[12] Theoretisch nicht-periodische Signale.

[13] Im deutschsprachigen Raum ist die Verwendung des Amplitudenspektrums für die Analyse von schmalbandigen, stationären Wasserschallsignalen gebräuchlich, während im englischsprachigen Raum häufig unabhängig vom Signal das Amplitudendichtespektrum verwendet wird.

[14] Bei Terzbandanalysen ist der relative Frequenzabstand zwischen unterer und oberer Grenze, f_u und f_o, konstant. Für die Grenz- und Terzmittenfrequenz gilt $f_o = \sqrt[3]{2} \cdot f_u$ und $f_j = \sqrt{f_o \cdot f_u}$. Bei Wasserschallmessungen werden die gleichen Terzmitten- und Grenzfrequenzen verwendet wie bei Luftschallmessungen [14].

abgestimmte Wandler werden Hydrophone genannt, während man sendeseitig im analogen Fall von Sendewandlern spricht.

Hydroakustische Wandler können, je nach Einsatzzweck, unterschiedliche Geometrien haben und sind in der Regel auf eine piezoelektrische Schwingungsmode abgestimmt, die eine Resonanzfrequenz $f_{\text{res.}}$ besitzt. Weit verbreitet sind wegen ihrer omnidirektionalen Richtcharakteristik sphärische Wandlertypen, aber auch zylindrische Wandler werden häufig verwendet[15]. Während ein Sendewandler typischerweise im Bereich der Resonanz arbeitet, werden Hydrophone so abgestimmt, dass sie unterhalb der Resonanzfrequenz arbeiten[16]. Detaillierte Darstellungen von Aufbau und Funktionsprinzipien von Wasserschallwandlern findet sich in der Literatur [10, 15, 16].

2.3.2 Hydrophone

Der Frequenzgang eines Hydrophons unterhalb der Resonanzfrequenz ist in einem (weiten) Frequenzbereich im Wesentlichen konstant, sodass sich die Umwandlung des Schalldrucksignals in ein Spannungssignal durch ein einziges Übertragungsmaß G_{up}, der Empfangsempfindlichkeit, beschreiben lässt[17]. Physikalisch liefert ein an einem Hydrophon angelegter Schalldruck allerdings nicht direkt eine (belastbare) Spannung am Ausgang des Piezoelementes, sondern führt zu einer Ladungsverschiebung, welche erst durch einen Ladungsverstäkter in eine Spannung umgewandelt werden muss, die dann weiterverarbeitet werden kann. Bei vielen Hydrophontypen wird der Verstärker direkt in das Hydrophongehäuse integriert, um mögliche Störeinflüsse durch das Kabel zu vermeiden. Das Übertragungsmaß G_{up} beinhaltet in diesem Fall auch den Wert der Vorverstärkung[18].

Neben dem nutzbaren Frequenzbereich und der Empfangsempfindlichkeit sind das Eigenrauschen[19] und die maximale Einsatztiefe weitere charakteristische Größen eines Hydrophons. Das Eigenrauschen bestimmt den minimalen Wasserschallpegel, der mit einem Hydrophon gemessen werden kann, während die Empfangsempfindlichkeit und die maximale Ausgangsspannung des Hydrophons zusammen den Maximalpegel festlegen. Die Differenz zwischen dem maximalen Signalpegel und dem Eigenrauschpegel wird auch als *Dynamik* bezeichnet. Für eine Wasserschallmessung muss daher ein Hydrophon dimensioniert und die elektronische Signalkette auf die Werte des Hydrophons angepasst werden. Die Dynamik spielt bei der Dimensionierung eines Messsystem eine wichtige Rolle.

In Abb. 2 ist ein Beispiel für eine Signalkette mit einem Hydrophon mit integriertem Vorverstärker, welches ein Übertragungsmaß von G_{up} von $-186\,\mathrm{dB}_{rel\,1V/\mu Pa}$ besitzt, dargestellt. Für einen angenommenen Schalldruckpegel einer Schallwelle von $146\,\mathrm{dB}_{rel\,1\mu Pa}$ würde es bei diesem Übertragungsmaß einen Effektivwert der Spannung von $-40\,\mathrm{dBV}$, d. h. von $10\,\mathrm{mV}$, liefern. Dieses Spannungssignal wird dann Bandpassgefiltert, um einerseits tieffrequente Störungen, die nicht vom Wasserschall herrühren, wie z. B.

---

[15] Sphärische Hydrophone bestehen aus einer Hohlkugel aus piezoelektrischem Material, welche auf der Innen- und Außenseite der Kugel mit einer Elektrodenschicht versehen sind. Sie haben in der Regel eine höhere Stabilität aber auch eine geringere Sensitivität als zylindrische Hydrophone.

[16] Für Wasserschallmessungen werden in der Regel Hydrophone mit einer omnidirektionalen Richtcharakteristik verwendet, deren Abmessungen deutlich keiner sind als die Wellenlänge des zu messenden Wasserschallsignals.

[17] Beispielsweise besitzt das Hydrophon Reson TC4014-5 einen linearen Frequenzbereich von 30 Hz–100 kHz (± 2 dB), während der Bereich des Reson TC 4032 bei 15 Hz–40 kHz (± 2 dB) liegt. Den exakten Frequenzgang gibt die Kalibrierkurve wieder, die in der Regel ab einer Frequenz von einigen kHz vorliegt [17].

[18] Das Reson TC4014-5 besitzt z. B einen integrierten Vorverstärker. Hier wird die Sensitivität mit $-186\,\mathrm{dB}_{rel\,V/\mu Pa}$ bei Verwendung eines einseitigen Ausgangs und $-180\,\mathrm{dB}_{rel\,V/\mu Pa}$ bei einem differenziellen Ausgang angegeben. Der Vorverstärker bei diesem Typ ist in das Hydrophon integriert und hat einen Wert von 26 dB. Das Reson TC4032 hat hingegen eine Sensitivität von $-170\,\mathrm{dB}_{rel\,V/\mu Pa}$ bzw. $-164\,\mathrm{dB}_{rel\,V/\mu Pa}$ (bei differenziellem Ausgang). Ein Hydrophontyp ohne Vorverstärker ist das Reson TC4013, welches mit einer Sensitivität von $-212\,\mathrm{dB}_{rel\,V/\mu Pa}$ angegeben wird [17].

[19] Dieses ist frequenzabhängig und liegt beim Reson TC4014-5 bei ca. $45\,\mathrm{dB}_{rel\,1\mu Pa^2/Hz\,@1kHz}$ und beim Reson TC 4032 bei ca. $30\,\mathrm{dB}_{rel\,1\mu Pa^2/Hz\,@1kHz}$ [17].

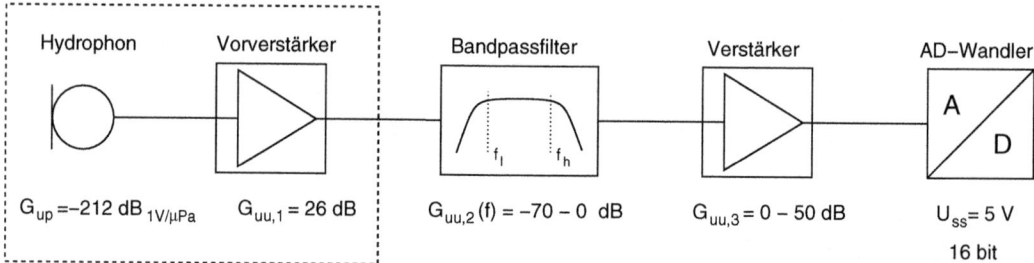

Abb. 2 Signalkette zur Messung von Wasserschall bestehend aus Hydrophon mit integriertem Vorverstärker, Bandpassfilter, Verstärker und AD-Wandler mit typischen Werten für die Übertragungsmaße des Hydrophons G_{up} und der Verstärker

hydrodynamische Turbulenz oder mechanische Vibrationen, zu verringern. Diese erzeugen häufig einen hohen Druckpegel, der durch hydrodynamische Fluktuationen oder dynamische Änderung des statischen Drucks hervorgerufen werden. Der Tiefpassfilter verhindert auf der anderen Seite Unterabtastung und muss an die Abtastrate angepasst sein. Der zweite Verstärker dient der Anpassung an den Eingangsbereich des AD-Wandlers, der in diesem Beispiel ±5 V beträgt.

2.3.3 Linearantennen

Das Nutzsignal und die Störgeräusche kommen bei einer Wasserschallmessung häufig aus unterschiedlichen Richtungen, sodass eine Signaltrennung mittels Richtungsbildung prinzipiell vorteilhaft ist. Dafür wird der Schalldruck gleichzeitig an mehreren Orten mit einer hydroakustischen Antenne gemessen und aus den Phasendifferenzen die Richtungen der einzelnen Signale bestimmt[20]. Bei Wasserschallmessungen werden oft lineare Antennen verwendet, da sich diese entweder als Vertikalantenne oder als geschleppte Horizontalantenne im Meer positionieren lassen[21]. Diese Antennen können bis zu mehreren Kilometern lang sein, wie z. B. seismische Streamer zur Exploration des Meeresbodens (siehe Abschn. 6).

Eine Wellenzahl-Frequenzanalyse von Daten, die mit einer Linearantenne gemessen worden sind, ermöglicht häufig eine unmittelbare physikalische Interpretation der auftretenden Prozesse. Wellenphänomene, wie z. B. Wasserschall, werden im Wellenzahl-Frequenzraum durch ihre Dispersionsrelation charakterisiert, während das Wellenzahl-Frequenzspektrum $\Phi_{pp}(\omega,\mathbf{k})$ von Druckfluktuationen, die z. B. von strömungsinduzierten Prozessen herrühren, die raumzeitliche Korrelationsstruktur zweiter Ordnung dieser Prozesse widerspiegelt. Bei Linearantennen mit äquidistanter Sensoranordnung können die diskreten Komponenten $\Phi(f_j,k_l)$ (mit Indizes $j \geq 0$ und l) des Wellenzahl-Frequenzspektrums[22] mittels einer zweidimensionalen FFT berechnet werden (siehe Anhang 7.3).

Abb. 3 zeigt eine unter einem Winkel ϕ schräg auf eine Linearantenne auftreffende ebene Schallwelle mit dem Wellenvektor $\mathbf{k}$. Die Linearantenne

---

[20]Durch die Möglichkeit der Richtungsbildung und der kohärenten Addition von Signalen hat eine Antenne große Vorteile gegenüber einem Einzelhydrophon. Allerdings steht dem auch ein erheblich größerer Aufwand beim Einsatz auf See (Ausbringen, Einholen, leistungsfähige Winden, usw.), bei der Signalübertragung (hohe Datenraten), bei der Signalverarbeitung (leistungsfähige Rechner, optimierte Algorithmen) und bei der Datenspeicherung (große Datenmengen) gegenüber. Daher ist die Nutzung von Antennensystemen für eine Wasserschallmessung anstelle von Hydrophonen im Einzelfall abzuwägen.

[21]Es gibt auch andere Wasserschallmesssysteme, die z. B. auf einer Kreisanordnung basieren [18]. Kreisförmige bzw. zylindrische Antennenanordnungen kommen auch bei Sonar-Systemen zum Einsatz, wie z. B. bei Bug-Sonaren [10] oder Überwachungs-Sonaren [19].

[22]Bei Wasserschallmessungen wird die Wellenzahl $k = \lambda^{-1}$, welche in (m^{-1}) angegeben wird, anstelle der (Kreis-) Wellenzahl verwendet, sofern die Frequenz f anstelle der Kreisfrequenz ω Verwendung findet. Die jeweilige Bedeutung des Symbols k wird aus dem Zusammenhang deutlich.

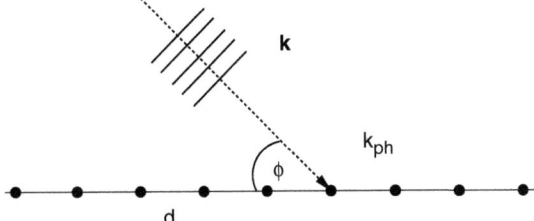

Abb. 3 Schematischer Aufbau einer Linearantenne mit äquidistantem Hydrophonabstand d. Die unter einem Winkel ϕ schräg einfallende Wasserschallwelle mit dem Wellenvektor **k** besitzt entlang der Antenne eine projizierte Wellenzahl k_{ph}

besitzt einen äquidistanten Hydrophonabstand d und detektiert nur in Richtung des Tangentialvektors **t** parallel zur Antenne die *projizierte* Welle mit der Wellenzahl $k_{ph} = <\mathbf{k}|(\mathbf{t}/|\mathbf{t}|)>$. Bei parallelem Einfall ($\phi = 0°$) entspricht $k_{ph} = |\mathbf{k}|$, während für senkrechten Einfall $k_{ph} = 0$ gilt. Wasserschallwellen haben daher außer bei parallelem Schalleinfall immer eine geringere (projizierte) Wellenzahl und damit eine größere *projizierte* Wellengeschwindigkeit als die Schallgeschwindigkeit c. Aufgrund der Projektion in Richtung der Antenne lässt sich nur das (projizierte) Wellenzahl-Frequenzspektrum $\Phi(f_k, k_l)$ berechnen, was zur Folge hat, dass Wasserschall im Wellenzahl-Frequenzspektrum auf einen dreiecksförmigen Bereich $|k| \leq f/c$ beschränkt ist. Die Richtungsbildung mit einer Linearantenne ist bezüglich der Rotationsachse entartet, sodass eine Richtungsbildung nur jeweils auf einer Kegeloberfläche möglich ist[23]. Prinzipiell lässt sich die Richtungsbildung auch mit anderen *(Beamforming-)* Verfahren [20] durchführen.

2.3.4 Geschachtelte Sensoranordnung

Durch die Länge L einer linearen Antenne wird die räumliche Wellenzahlauflösung und damit letztendlich die Richtungsauflösung vorgegeben, während die räumliche Abtastung, d. h. der Hydrophonabstand d, durch das räumliche Nyquist-Kriterium bestimmt ist. Dadurch ergibt sich eine obere Grenzfrequenz f_{max}, bis zu der eine lineare Antenne zur Richtungsbildung eingesetzt werden kann, ohne das es zur räumlichen Unterabtastung kommt[24].

Um mit einer Antenne auch den Frequenzbereich oberhalb der Grenzfrequenz untersuchen zu können, werden geschachtelte Antennen *(nested arrays)* verwendet. Hier wird in einem Teilbereich der Antenne zwischen zwei Hydrophonen ein weiteres in deren Mitte positioniert. Bei entsprechender Wahl der Länge dieser Teilantenne und hinreichender zeitlicher Abtastung kann mit einer derartigen Schachtelung eine Erhöhung des Frequenzbereiches der Antenne von einer Oktave erreicht werden. Prinzipiell können auf diese Weise auch noch zusätzliche Oktaven durch weitere Teilantennen zum Frequenzbereich hinzugefügt werden. In Abb. 4 wird das Prinzip eines geschachtelten Antenne mit jeweils neuen Hydrophonen verdeutlicht.

3 Meeresakustische Randbedingungen

Aufgrund der akustischen Eigenschaften des Meeres wird die Ausbreitung von Wasserschall stark beeinflusst. Neben den begrenzenden Flächen, der Meeresoberfläche und dem Meeresboden, stellt insbesondere das vertikale Schallgeschwindigkeitsprofil, das sich aus der vertikalen Temperatur- und Salzgehaltsschichtung im Meer ergibt, eine sehr wichtige Einflussgröße für die Schallausbreitung dar.

---

[23]Durch zwei parallel laufende Horizontalantennen kann eine Links-Rechts-Unterscheidung erreicht werden [21]. Mehrere parallele Antennen werden z. B. für seismische Explorationen des Meeresbodens eingesetzt [22]. Auch *Vektorsensoren* können die Eigenschaften einer Antenne in Bezug auf die Richtungsbildung signifikant verbessern [8,9].

[24]Das zeitliche Abtasttheorem ist ebenfalls einzuhalten.

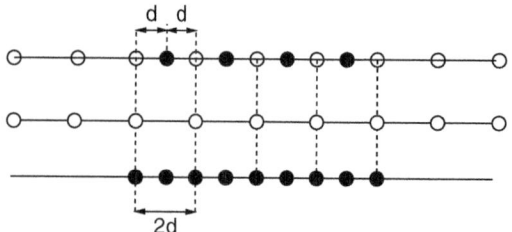

Abb. 4 Prinzip einer geschachtelten Linearantenne (*nested array*): Antenne mit zusätzlichen Hydrophonen und nicht-äquidistanter Anordnung (oben), *virtuelle* Antennen mit äquidistanten Sensorabständen für die niedrigere (Mitte) und die höhere (unten) Oktave

Die Kenntnis der Ausbreitungsbedingungen im Meer ist daher für jede Wasserschallmessung von großer Bedeutung. Eine weitere physikalische Eigenschaft des Meerwassers, die geringe Absorption von Wasserschall insbesondere bei tiefen Frequenzen, kann zu einer sehr großen räumlichen Ausbreitung von Schallereignissen und damit für manche Messaufgaben zu einem sehr großen Messgebiet führen. Umgekehrt bedeutet diese Eigenschaft, dass Messungen auch durch weit entfernte Schallereignisse gestört werden können.

Im Folgenden werden einige meeres- und schiffsakustische Aspekte erläutert, sofern sie zum Verständnis der im Folgenden vorgestellten Wasserschallmessverfahren notwendig sind. Eine ausführliche Darstellung finden sich bei Brekhovskikh und Lysanov [23], Medwin [24] und Katsnelson et al. [25] bzw. bei Ross [26] und Urick [27].

3.1 Quell- oder Zielpegel

Der Quell- oder Zielpegel $SL(f, \mathbf{r_p}, \mathbf{r_0}, S)$ (engl.: *source level*) ist eine theoretische Größe zur Charakterisierung einer komplexen Schallquelle im Meer. Sie entspricht dem winkelabhängigen Spektralpegel des ins Fernfeld abgestrahlten Wasserschalls bezogen auf eine (gedachte) Kugeloberfläche mit einem Radius von $r_0 = 1$ m. Die Winkelabhängigkeit wird durch den Azimutwinkel ϕ und den Polarwinkel θ in den Komponenten des Vektors $\mathbf{r_0} = (r_0, \phi, \theta)$ ausgedrückt, welcher einen Ort auf der Kugeloberfläche festlegt. Der Ortsvektor $\mathbf{r_p}$ gibt die Position des Mittelpunktes der Kugel an, welche der Position des Schiffes aus dem Fernfeld betrachtet entspricht.

Der Quellpegel eines Schiffes resultiert aus einer komplexen Anordnung und Verbindung vieler unterschiedlicher Geräuschquellen, welche unter anderem schon wegen der räumlichen Ausdehnung eines Schiffes häufig nicht kohärent abstrahlen [28–35]. Ein Schiff ist in der Regel keine kompakte Quelle, weswegen die Reduktion auf den Quellpegel eine Idealisierung darstellt. Der Parametersatz S soll die Vielzahl von Größen repräsentieren, von denen der Quellpegel eines Schiffes abhängt. Dieses sind z. B. die Drehzahl des Antriebsmotors oder der Einschaltzustand von Maschinen an Bord, wie z. B. der Generatoren, Umformer oder Pumpen. Die akustische Vermessung eines Schiffes ist daher sehr aufwendig und muss für jeden Fahrtzustand einzeln durchgeführt werden, wobei die Auswahl der relevanten Fahrtzustände für eine Vermessung auf schiffstechnischen und schiffbaulichen Kriterien, der Nutzung eines Schiffes und ggf. gesetzlichen Vorgaben, wie z. B. Grenzwerten, beruht [36, 37].

Der Quellpegel eines Schiffes oder einer anderen komplexen Schallquelle lässt sich allerdings nicht direkt messen, sondern nur der Spektralpegel des abgestrahlten Wasserschalls in einem gewissen Abstand von der Quelle am Ort $\mathbf{r_m}$. Dieser Spektralpegel entspricht nicht dem Quellpegel SL des zu vermessenden Schiffes, da die Änderung des Pegels vom Ort der Schallquelle zum Messort aufgrund der Schallausbreitung berücksichtigt werden muss. Diese Änderung wird im Ausbreitungsverlust $TL(f, \mathbf{r}, \mathbf{r_0})$ (engl.: *transmission loss*) zusammengefasst. Der Abstandsvektor $\mathbf{r} = \mathbf{r_m} - \mathbf{r_p}$ gibt dabei Richtung und Abstand in Schiffskoordinaten (r, ϕ, θ) an. Weiterhin existiert ein Störpegel $NL(f, \mathbf{r_m})$ (engl.: *noise level*) am Ort der Messung, der zum einen durch Umgebungsgeräusche (engl.: *ambient noise*) und zum anderen durch Störgeräusche, die nicht dem Umgebungsgeräusch zugeordnet werden können, sondern durch den Betrieb der Messsystems entstehen, verursacht wird. Letzteres wird als *Eigenstörgeräusch* (engl.:

self-noise, siehe Abschn. 5.2) bezeichnet. Der Störpegel $NL(f,\mathbf{r_m}) = AN(f,\mathbf{r_m}) + SN(f)$ ergibt sich somit aus dem ortsabhängigen Umgebungsgeräuschpegel $AN(f,\mathbf{r_m})$ und dem ortsunabhängigen Eigenstörpegel $SN(f)$.

Der Spektralpegel L_Φ am Messort $\mathbf{r_m}$ setzt sich daher folgendermaßen zusammen (in Schiffskoordinaten $\mathbf{r}$):

$$L_\Phi(f,\mathbf{r},S) = SL(f,\mathbf{r_0};S) - TL(f,\mathbf{r},\mathbf{r_0}) + NL(f,\mathbf{r}) \quad (22)$$

Der Quellpegel SL lässt sich für eine Richtung (ϕ,θ) bei Kenntnis des Ausbreitungsverlustes TL aus der Messung des Spektralpegels L_Φ an einem Ort berechnen. Sofern der Störpegel NL den Quellpegel am Messort ($SL-TL$) übersteigt, kann entweder durch Richtungsbildung mittels einer Antenne das Signal-zu-Rauschverhältnis aufgrund des Antennengewinns verbessert oder es muss, sofern möglich, der Störpegel reduziert werden. Da Wetter und externer Schiffsverkehr wichtige Störgrößen darstellen, kann eine Reduzierung des Störpegels in der Regel nur in einem gewissen Maße durch die optimale Auswahl des Messortes und Messzeitpunktes erreicht werden.

Praktisch ist es sehr aufwendig eine Messung des Quellpegels SL für alle Richtungen durchzuführen. Dieses ist aber auch oft nicht nötig, wenn man z. B. hauptsächlich an der horizontalen Ausbreitung des Schalls querab vom Schiff, dem sog. *beam aspect*, oder dem Bug- und Heck-Aspekt interessiert ist. Bei einem Schiff trägt aber nicht nur der exakt horizontal abgestrahlte Schall dazu bei, sondern aufgrund der Schallausbreitung auch Geräuschbeiträge, die unter einem anderen Polarwinkel abgestrahlt werden. Zudem wird häufig auch der direkt nach unten abgestrahlte Schall eines Schiffes, der sog. *keel aspect*, betrachtet. Dieser spielt gerade in Flachwasserzonen eine wichtige Rolle, da dort der Schall am Boden detektiert werden kann.[25]

In Richtung senkrecht zur Schiffslinie, d. h. in Querabrichtung, hat ein Schiff die größte abstrahlende Fläche, sodass der Quellpegel in dieser Richtung in der Regel am höchsten ist. Häufig wird daher nur dieser Azimutwinkel ϕ bei einem Schiff vermessen[26]. Die Bedeutung des Quellpegels rührt daher, dass diese Größe den Schalleintrag eines Schiffes unabhängig von den Schallausbreitungsbedingungen wiedergibt. Aus dem Quellpegel lässt sich auch bei veränderten Ausbreitungsbedingungen $\widetilde{TL}(f,\mathbf{r},\mathbf{r_0})$ der Spektralpegel eines Schiffes an unterschiedlichen Orten berechnen.

3.2 Umgebungsgeräusche

Eine Vielzahl von natürlichen und meerestechnischen Geräuschquellen führen dazu, dass es im Meer immer ein (frequenzabhängiges) Umgebungsgeräusch gibt. Dabei haben die einzelnen Quellen ihren Geräuschbeitrag in unterschiedlichen Frequenzbereichen. Eine Zusammenstellung der unterschiedlichen spektralen Beiträge des Umgebungsgeräusches findet sich bei Wenz [26,41].

Die durch Wind und Blaseneinschlag verursachten Geräusche dominieren das Umgebungsgeräuschspektrum ab einer Frequenz von ungefähr 500 Hz, wobei dieser Pegel stark von den Wetterbedingungen abhängt. Die Bedingung *Sea State 0* gibt dabei eine untere Grenze des Umgebungsgeräuschpegels an, der im Meer in diesem Frequenzbereich praktisch nicht unterschritten wird. Näherungsweise lässt sich der Verlauf des Wenz-Spektrums für *Sea State 0* angeben durch

$$\Phi_{\text{SeaState0}}(f) = 55 - 10 \cdot \log_{10}\left(1 + 2 \cdot (f/f_w)^{1,75}\right)$$
$$\text{in dB}_{re1\mu Pa^2/Hz}$$
$$(23)$$

mit $f_w = 550\,\text{Hz}$. Die Tatsache, dass der Störpegel $NL(f)$ im Meer damit im Prinzip eine untere, frequenzabhängige Grenze besitzt,

---

[25] Im Entwurf der DIN ISO 17208-1:2017-07 sind physikalische Größen und Messverfahren aufgeführt, die eine Vergleichbarkeit von Schiffsvermessungen im Tiefwasser ermöglichen sollen [38]. Eine detaillierte Darstellung der internationalen Aktivitäten zur Standardisierung von Wasserschallmessungen findet sich bei A. Homm [39,40].

[26] Es gibt Geräuscherzeuger mit einer ausgeprägten Richtcharakterisitik, welche ggf. gesondert betrachtet werden müssen.

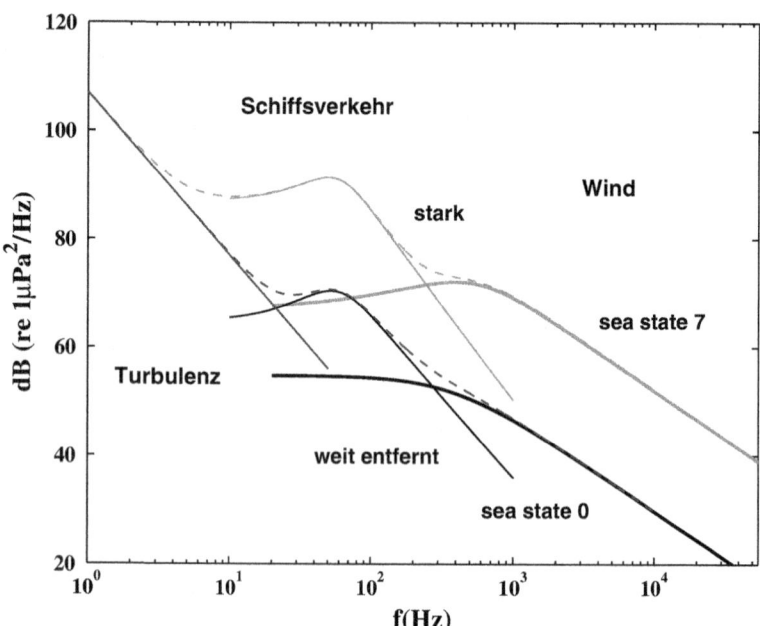

Abb. 5 Angenäherte Spektren des Umgebungsgeräusches mit Beiträgen einzelner Geräuschquellen (windinduzierte Geräusche, Schiffsverkehr, Turbulenz) für unterschiedliche Umgebungsbedingungen. In der Regel liegt der Pegel des Umgebungsgeräusches innerhalb der gestrichelt eingezeichneten, resultierende Spektren. Er kann aber auch davon abweichen, insbesondere wenn Beiträge von anderen Geräuschquellen (z. B. Regen oder seismische Aktivitäten), die hier nicht dargestellt sind, hinzukommen [26,41]

hat große Bedeutung für die Auslegung von Wasserschallmesssystemen und -verfahren z. B. im Hinblick auf den zulässigen Rauschpegel eines Messsystem, auf minimale Sendepegel oder auf Messabstände.

Die Wetterbedingung *Sea State 7* gibt hingegen in der Regel eine obere Grenze des Umgebungsgeräuschpegels im Meer an. Diese kann allerdings, falls z. B. Regengeräusche hinzukommen, noch signifikant überschritten werden. Im Frequenzbereich vom 50 Hz bis 500 Hz dominieren zumeist Schiffsgeräusche, die je nach Messgebiet und Messzeitpunkt von weit entfernten Schiffen oder von Schiffen in der Umgebung stammen. Gerade bei nahem Schiffsverkehr können zu dem breitbandigen spektralen Verlauf noch Frequenzlinien hinzukommen, welche bei einer Messung des Quellpegels eines Schiffes problematisch sein können[27]. Im tieffrequenten Bereich unterhalb von ungefähr 50 Hz können hydrodynamische Druckschwankungen, die durch turbulente Prozesse[28] im Ozean erzeugt werden, oder auch seismische Ereignisse das Umgebungsgeräusch dominieren. Der Geräuschbeitrag der Turbulenz kann durch

$$\Phi_{\text{turb}}(f) = 107 - 30 \cdot \log_{10}(f) \text{ in } dB_{re1\mu Pa^2/Hz} \quad (24)$$

beschrieben werden [41]. In Abb. 5 sind typische Geräuschspektren für unterschiedliche Umgebungsbedingungen dargestellt.

Es muss betont werden, dass die in Abb. 5 dargestellten Spektren nicht für jedes Seegebiet zu jedem Zeitpunkt den tatsächlichen Spektralpegel des Umgebungsgeräusches wiedergeben, aber sie sind häufig zur Abschätzung des Störpegels

---

[27]Die in Abb. 5 dargestellten Näherungen der Geräuschspektren (windinduzierte Geräusche, Schiffsverkehr) haben die allgemeine Form $\Phi(f) = (A + 10 \cdot \log_{10}((1+B(f/f_{w,s})^C)/(1+(f/f_{w,s})^D)))dB_{re1\mu Pa^2/Hz}$. Durch Anpassung an die Wenz-Spektren [26,41] ergibt sich näherungsweise für *Sea State 7* A = 67, B = 5, C = 1 und D = 2,75 und für die Schiffsgeräuschspektren (mit $f_s = 60$ Hz) A = 65, B = 6, C = 2 und D = 5 für weit entfernten bzw. A = 87, B = 4, C = 2 und D = 5,5 für starken Schiffsverkehr.

[28]Der komplexen Dynamik turbulenter Strömungen, die sich u. a. in kontinuierlichen Geschwindigkeits- und Druckspektren widerspiegelt, liegen nichtlineare Wechselwirkungen zwischen instabilen Lösungen der Navier-Stokes Gleichungen zugrunde, die sowohl auf kleinen [42,43] als auch auf großen [44] Skalen auftreten können.

Wasserschallmessungen

hinreichend. Für eine Betrachtung der Geräusche von Meerestieren, die in Abb. 5 nicht dargestellt sind, sowie für eine detailliertere Darstellung des Umgebungsgeräusches, auch für den Frequenzbereich oberhalb von 50 kHz, sei auf Au und Hastings [12] und Au und Lammers [13] bzw. auf Dahl et al. [45] und Carey und Evans [46] verwiesen.

3.3 Schallausbreitung

Bei isotroper Ausbreitung des Schalls von einer Punktquelle ergibt sich ein geometrischer Ausbreitungsverlust

$$TL(r) = 20 \cdot \log_{10}(r/r_0) \text{ in dB}_{re1m} \quad (25)$$

des Schalldruckpegels, der nur vom Abstand r von der Schallquelle und nicht von der Richtung abhängt. Die Meeresoberfläche stellt wegen des großen Impedanzsprungs von Wasser zu Luft praktisch eine schallweiche Randbedingung für Wasserschall dar, sodass bei jeder Wasserschallmessung daher auch immer das reflektierte Signal von der Oberfläche beachtet werden muss. Wird beispielsweise ein Wasserschallsender auf einer bestimmten Tiefe verwendet, so muss die Länge der ausgesendeten Pulse so angepasst werden, dass eine Signaltrennung zwischen direktem Puls und Oberflächenpuls möglich ist.

Es gibt allerdings Situationen, wo eine derartige Trennung prinzipiell nicht durchzuführen ist. Bei einem Schiff liegen Geräuscherzeuger, wie z. B. die Fahrmotoren, im Inneren, aber der Schall wird über die äußere Hülle ins Wasser abgestrahlt. Diese befindet sich bei einem Oberflächenschiff zwar nahe der Meeresoberfläche, die Abstrahlung ins Wasser geschieht dennoch unterhalb dieser. Daher liegen die Schallquellen ebenfalls unterhalb der Oberfläche und interferieren mit ihren gedachten Spiegelquellen oberhalb der Meeresoberfläche, was je nach Frequenz zu einem komplexen Interferenzmuster im Wasserschall führt. Dieser Effekt wird als *Lloyd Mirror Effekt* bezeichnet [47].

Im Flachwasser kommen neben der Reflexion an der Meeresoberfläche noch die Reflexion am Meeresboden hinzu, welche ein deutlich komplexeres Verhalten als die an der Meeresoberfläche aufweisen kann [48], da je nach Beschaffenheit der Schall in den Boden eindringen und auch an tiefer liegenden Sedimentschichten reflektiert werden kann. Insbesondere sind die akustischen Eigenschaften des Meeresbodens und der tiefer liegenden Sedimentschichten in einem Messgebiet in der Regel schwer zugänglich. In Abb. 6 ist die Schallausbreitung einer Quelle, die sich nahe der Meeresoberfläche befindet, dargestellt. Man erkennt die Reflexion an der Oberfläche und das komplexere Reflexionsverhalten im Sediment. Dargestellt sind in Abb. 6 neben dem direkten Pfad auch der erste Oberflächen- und Bodenpfad, d. h. die Pfade, welche den Messort nach nur einer Reflexion erreichen. Allerdings ist eine reale Meeresoberfläche nicht glatt, sodass es zu einer teilweise diffusen Streuung an der Oberfläche und damit zu einer Abschwächung des Pfades kommen kann.

Im Flachwasser treten neben den dargestellten Pfaden auch Mehrfachreflexionen auf, d. h. es existieren Pfade, die das Hydrophon erst nach mehreren Reflexionen an Oberfläche und Boden erreichen. Das Signal am Hydrophon ergibt sich dann prinzipiell aus der Summe aller Beiträge dieser Pfade. Bei vollständiger Reflexion des Schalls an Oberfläche und Boden würde es im Flachwasser für ausbreitungsfähige Wellen oberhalb einer kritischen Frequenz zu einer Kanalausbreitung kommen. Der geometrische Ausbreitungsverlust wäre dann:

$$TL(r) = 10 \cdot \log_{10}(r/r_0) \quad (26)$$

Der reale Ausbreitungsverlust in Flachwasserzonen, wie Nord- und Ostsee, ist frequenzabhängig und liegt aufgrund von Absorptionsprozessen an der Oberfläche und im Meeresbodens höher. Nach Thiele gilt näherungsweise bis ca. 80 km [49]:

$$TL(r) = (16{,}07 + 0{,}185 F) \cdot \log_{10}(r/r_0) + \ldots$$
$$\ldots (0{,}174 + 0{,}046 F + 0{,}005 F^2) 10^{-3}$$
$$\times (r/r_0) \quad (27)$$

Die Größe $F = 10 \cdot \log_{10}(f/\text{kHz})$ gibt die Frequenzabhängigkeit des Ausbreitungsverlustes an. Bei Messungen von Rammschall bei der

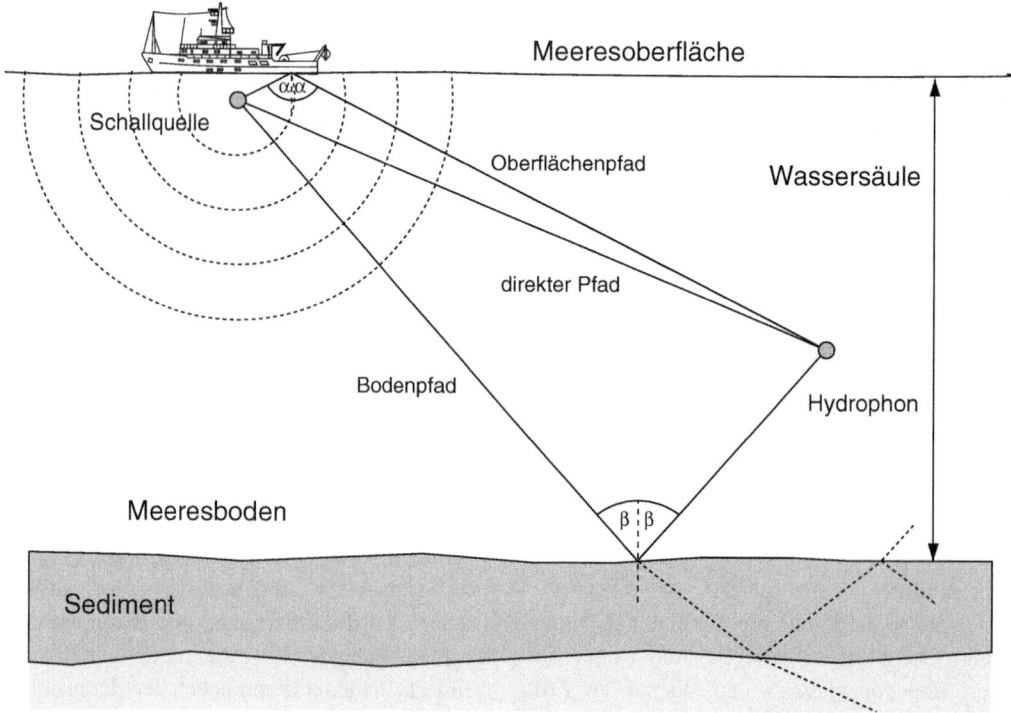

Abb. 6 Ausbreitung des Wasserschalls von einer Quelle nahe der Meeresoberfläche über den direkten sowie den ersten Oberflächen- und Bodenpfad bei idealisierter Meeresoberfläche und homogener Wassersäule. Abhängig von der Frequenz kann Wasserschall auch in den Meeresboden eindringen und an tiefer gelegenen Sedimentschichten reflektiert werden

Errichtung von Offshore-Windenergieanlagen liefert

$$TL(r) = 15 \cdot \log_{10}(r/r_0) \tag{28}$$

allerdings auch eine hinreichend genaue Abschätzung für den Ausbreitungsverlust [50].

Die Ausbreitung von Wasserschall wird nicht nur durch die Meeresoberfläche und den Meeresboden beeinflusst, sondern insbesondere auch durch die vertikale Schichtung von Temperatur und Salzgehalt im Meer[29]. Eine homogene Durchmischung der Wassersäule, wie in Abb. 6 angenommen ist, kann bei einem flachen Tidengewässer, wie der Nordsee, vorkommen, tritt aber im Tiefwasser nicht auf. Abb. 7 zeigt exemplarisch zwei Schallgeschwindigkeitsprofile, die im norwegischen Sognefjord zu unterschiedlichen Zeiten im Jahr mit einer CTD Sonde gemessen wurden[30]. Die Abhängigkeit der Schallgeschwindigkeit c von Temperatur T, Salzgehalt S und Druck[31] lässt sich durch eine vereinfachte Formel für die dimensionslosen Größen $c' = c/c_0$, $T' = T/T_0$, $S' = S/S_0$ und $P' = P/P_0$ angeben [51–54]:

---

[29] Die horizontalen Änderungen von Temperatur und Salzgehalt sind im Meer in der Regel auf kleinen Skalen klein gegenüber den vertikalen, auf große Skalen können diese aber signifikant sein. Es können auch kleinskaligere horizontale Änderungen dieser Größen auftreten, z. B. an Flussmündungen oder durch Süßwasserlinsen.

[30] Mittels einer CTD-Sonde wird die elektrische Leitfähigkeit *(conductivity)* und die Temperatur *(temperature)* von Meerwasser sowie über den Druck die Wassertiefe *(depth)* bestimmt. Aus diesen Größen lässt sich die Salinität und damit die Schallgeschwindigkeit berechnen. Für diese CTD-Messung wurde die bordeigene Sonde des Forschungsschiffs Elisabeth Mann Borgese vom Institut für Ostseeforschung (IOW) aus Warnemünde verwendet.

[31] Mit der Formel $D' = P'(0,97845 + 0,00008 T')$ lassen sich Druck und Wassertiefe $D = D' \cdot D_0$ (mit $D_0 = 1$ m) ineinander umrechnen [54].

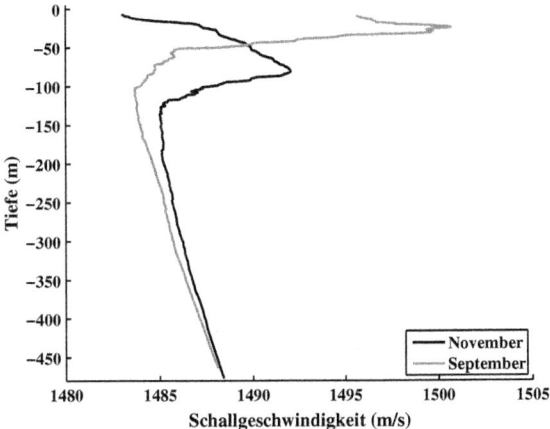

Abb. 7 Vertikale Schallgeschwindigkeitsprofile gemessen im mittleren Abschnitt des Sognefjords, Norwegen, in verschiedenen Monaten im Jahr (die Messungen wurden in zwei aufeinander folgenden Jahren durchgeführt). Man erkennt eine ausgeprägte Sprungschicht bis ungefähr 100 m Tiefe, welche die Bildung eines Schallkanals ermöglicht. Im November hat sich durch abnehmende Temperaturen des Oberflächenwassers das Schallprofil deutlich verändert

$$c'(T', S', P') = 1448{,}94 + 4{,}591 T' - 0{,}05304 T'^2$$
$$+ 0{,}0002374 T'^3 + 1{,}34(S' - 35) - 0{,}01025 T'(S' - 35)$$
$$+ 0{,}03195 P'(0{,}49918 + 0{,}000041 T')$$
$$+ 6{,}435433 \cdot 10^{-7} P'^2 (0{,}49918 + 0{,}000041 T')^2$$
$$- 5{,}37628 \cdot 10^{-12} T' P'^3 (0{,}49918 + 0{,}000041 T')^3 \quad (29)$$

Als Bezugsgrößen werden dabei $c_0 = 1\,\text{ms}^{-1}$, $T_0 = 1\,°\text{C}$, $S_0 = 1\,‰$ und $P_0 = 1\,\text{dbar}$ verwendet[32]. Vertikale Schallgeschwindigkeitsprofile haben einen großen Einfluss auf die horizontale Ausbreitung von Wasserschall, da eine Änderung der Schallgeschwindigkeit zu einer Brechung eines Schallstrahls führt *(Snellius'sches Brechungsgesetz)*. Bei den in Abb. 7 dargestellten Profilen können sich horizontale Schallkanäle an der Oberfläche und unterhalb der Thermokline ausbilden. In einem Schallkanal ist der Ausbreitungsverlust, ähnlich wie im Flachwasser, deutlich geringer als bei sphärischer Ausbreitung.

Da die Ausbreitungsbedingungen bei jeder Wasserschallmessung von großer Bedeutung sind, ist eine genaue Kenntnis des vertikalen Schallgeschwindigkeitsprofils und ggf. der Bodenbeschaffenheit notwendig. Daher sollten bei jeder Messung immer auch CTD-Messungen in hinreichenden zeitlichen (und ggf. räumlichen) Abständen durchgeführt werden, da sich das Profil durch ozeanographische Ereignisse ändern kann [57]. Auch wenn Näherungsformeln, wie z. B. Gl. 27 insbesondere für die Planung einer Messung hilfreich sind, ermöglichen numerische Schallausbreitungsmodelle auf Grundlage der gemessenen Profile eine präzisere Bestimmung der Ausbreitungsbedingungen [58–62].

4 Stationäre und driftende Sensorsysteme

In diesem Abschnitt werden unterschiedliche meeresakustische Sensorsysteme zur Messung von Wasserschall dargestellt. Bei diesen Systemen handelt es sich um *passive* Messsysteme, also reine Empfangssysteme. Messsysteme, die Wasserschall aktiv aussenden und das Echo dieser ausgesendeten Signale empfangen und weiterverarbeiten, werden in Abschn. 6 dargestellt. Je nach Messaufgabe und Messort unterscheiden sich passive Messsysteme in ihrer Positionierung sowie in der Anzahl der hydroakustischen Sensoren. Dabei gibt es prinzipiell unterschiedliche Anordnungen, welche im Folgenden exemplarisch dargestellt werden.

---

[32] Bei der Bestimmungen der Koeffizienten für diese wie auch für andere Formeln [55,56] zur Bestimmung der Schallgeschwindigkeit im Meer werden Ausgleichsrechnungen an experimentellen Daten aus bestimmten Seegebieten verwendet.

4.1 Abgehängte Systeme

Die einfachste Messanordnung besteht darin, Sensoren direkt von einem Schiff (oder einer anderen Plattform) abzuhängen. In Abb. 8 ist ein Beispiel für ein abgehängtes Messsystem zu sehen. In diesem Fall ist es eine Hydrophonkette bestehend aus zehn einzelnen Hydrophonen, die in einem Abstand von 1,5 m zwischen den Hydrophonen bzw. von 3 m zum obersten Hydrophon angeordnet sind. Um die Messkette möglichst senkrecht auszurichten, besitzt sie am unteren Ende ein Ballastgewicht. Dieses ist notwendig, da durch Wind und Strömung ein relativer Strom zwischen Schiff und Kette auftreten kann, welcher zu einem *Auswehen* der Kette führt. Durch die Verankerung des Schiffes kann das Messsystem im Wesentlichen als ortsfest betrachtet werden, wobei die genaue Position im Rahmen der Ankertaulänge durch Änderungen der Wind- und Strömungsverhältnisse variieren kann. Da die exakte Position des Schiffes in der Regel mit GPS erfasst und aufgezeichnet wird, kann diese Abweichung korrigiert werden, sofern dieses für die Messungen vom akustischen Standpunkt aus relevant ist.

Die in Abb. 8 dargestellte Hydrophonkette, die sogenannte NESSY-Kette der WTD 71, wurde häufig zur Vermessung der Schallausbreitungsverhältnisse eingesetzt. Daher kam sie während der Rammung von Pfählen bei der Errichtung von Offshore-Windenergieanlagen beim Windpark Borkum West II in der Nordsee im April 2012 zum Einsatz[33]. Sie wurde vom Forschungsschiff FS Elisabeth Mann Borgese abgehängt, um die vertikale Pegelverteilung der Pulse in der Wassersäule zu erfassen.

Die Vorteile eines abgehängten Messsystems liegen darin, dass es messtechnisch relativ einfach zu realisieren und zu betreiben ist, da sowohl Datenaufzeichnung als auch Positionierung direkt vom bzw. mit dem Schiff erfolgen kann. Insbesondere kann die Position mit vergleichbar geringem Aufwand geändert und an eine mögliche neue

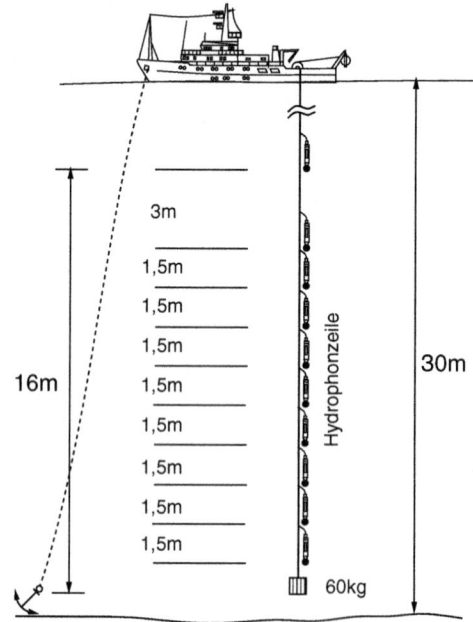

Abb. 8 Abgehängtes Messsystem: Hydrophonkette zur Messung des Wasserschallpegels über die gesamte Wassersäule in einem Flachwassergewässer, wie z. B. der Deutschen Bucht. Um die Messposition zu halten, ist das Messschiff verankert. (Nach Gerdes et al. [63])

Messsituation angepasst werden. Letzteres trifft insbesondere dann zu, wenn es sich nicht um eine Messkette, wie in Abb. 8, sondern nur um ein einzelnes Hydrophon handelt, welches von einem Schiff abgehängt wird.

Akustisch nachteilig wirkt sich bei einem abgehängten System allerdings die Nähe zum Messschiff aus, auf welchem zumindest die Aggregate für die Stromversorgung zur Versorgung der Messsysteme sowie die für die Sicherheit des Schiffes notwendigen Systeme nicht abgeschaltet werden können. Die dadurch entstehenden Schiffsgeräusche erzeugen einen Störpegel, welcher den Einsatz eines abgehängten Messsystems je nach Messaufgabe signifikant einschränken oder sogar ausschließen kann. Während die Messung von relativ zum Umgebungsgeräusch lauten Einzelereignissen, wie den Rammpulsen, in einem gewissen Rahmen sinnvoll mit einem abgehängtem System durchgeführt werden kann, stößt man bei der Messung z. B. des Umgebungsgeräusches wegen der in der

---

[33]Wissenschaftlicher Fahrtleiter der Forschungsfahrt war F. Gerdes (WTD71-FWG) [63].

Abb. 9 Schematische Zeichnung des Geräuschmesssystems (GMS) der WTD 71 in L-Auslage. (Nach Gerdes et al. [63])

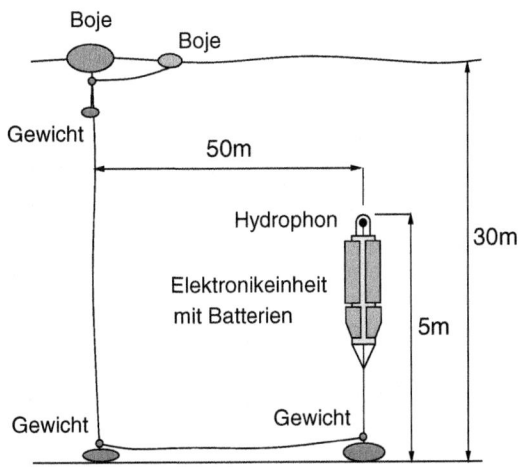

Regel lauteren Schiffsgeräusche zumeist an die Grenzen dieses Messanordnung.

Ein weiterer Nachteil eines abgehängten Systems liegt darin, dass keine mechanische Entkopplung des Systems vom Seegang stattfindet. Dabei ist zu beachten, dass schon eine seegangsinduzierte Oszillation mit einem Effektivwert von 1 mm am Ort des Hydrophons eine statische Druckänderung von ungefähr $20 \cdot \log_{10}(10\,\text{Pa}/p_0) = 140\,\text{dB}_{re1\mu Pa}$ und entsprechend bei 10 cm eine Änderung von $180\,\text{dB}_{re1\mu Pa}$ hervorruft. Allerdings liegen die spektralen Beiträge dieser Druckschwankungen im Bereich der Seegangsperiode und sind daher sehr niederfrequent. Sie können in einem gewissen Rahmen mittels eines Hochpassfilters heraus gefiltert werden. Je nach Plattformgröße und Seegang können damit aber die Einsatzmöglichkeiten eines abgehängten Systems signifikant eingeschränkt sein.

4.2 Verankerte Systeme

Messtechnisch aufwendiger sind verankerte Messsysteme, die von einem Forschungsschiff abgesetzt werden und autonom oder über eine Funkverbindung gesteuert die Messdaten aufzeichnen. Derartige Systeme haben den Vorteil, dass die Messung nicht durch die Geräusche des Forschungsschiffes gestört werden, da dieses einen hinreichend großen Abstand zum Messsystem einhalten kann. Bei vollständig autonomen Systemen besteht zudem die Möglichkeit, dass die Messdauer deutlich länger als die Verweildauer des Schiffes im Messgebiet sein kann und damit z. B. ein akustisches Monitoring eines Messgebietes über einen längeren Zeitraum ermöglicht wird. Das System kann bei einem späteren Einsatz desselben (oder eines anderen) Forschungsschiffes wieder geborgen werden. Bei solchen Dauerauslagen muss ein autonomes Messsystem hinreichend gegen Beschädigung durch Sturm oder durch Schiffe geschützt werden und im Gegenzug darf es keine Beeinträchtigung für den Schiffsverkehr darstellen[34]. Messtechnisch begrenzt wird die Einsatzdauer eines solchen Systems durch die Kapazität der Batterien und der Datenaufzeichnung.

Ein Beispiel für ein autonomes, verankertes Messsystem ist das Geräuschmesssystem (GMS) der WTD 71, welches in Abb. 9 schematisch dargestellt ist. Die Elektronikeinheit befindet sich bei diesem System zusammen mit den Batterien für die Stromversorgung in einem wasserdichten Gehäuse, das von Auftriebskörpern umgeben ist. Der Auftrieb dieser Boje ist deutlich geringer als das Grundgewicht, mit dem die Boje verbunden ist, aber hinreichend groß, sodass das Messsystem eine stabile Position von 5 m über dem Meeresboden einnimmt. Um das System nach

---

[34] Für eine Dauerauslage bedarf es einer Anzeige bei der zuständigen Behörde, dem Bundesamt für Seeschifffahrt und Hydrographie (BSH).

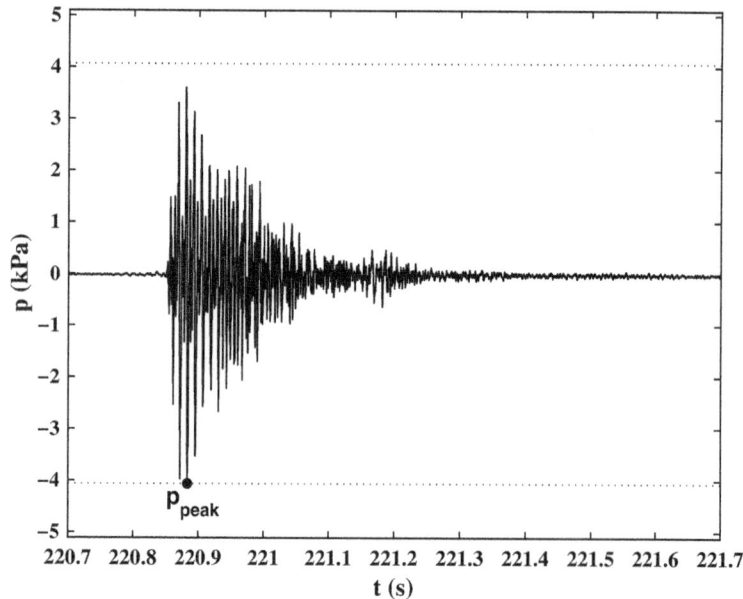

Abb. 10 Typischer Wasserschallpuls, der bei der Rammung eines Pfahls bei der Errichtung einer Offshore-Windenergieanlage entsteht. Dieser Puls ist in einem Abstand von 750 m bei der Errichtung einer Anlage des Windparks Borkum West II in der Nordsee im April 2012 mit dem in Abb. 9 dargestellten Geräuschmesssystem (GMS) der WTD 71 aufgezeichnet worden. Die maximale Schalldruckamplitude p_{peak} ist in der Abbildung markiert

Beendigung der Messung wieder aufnehmen zu können (und auch als Markierung während der Messung), wird eine Oberflächenboje mit einem zweiten Grundgewicht in einem Abstand von ungefähr 50 m aufgestellt. Der zweite Auftriebskörper neben der Oberflächenboje vereinfacht das Einholen des Systems vom Schiff aus. Eine solche *L-Auslage* führt dazu, dass das eigentliche Messsystem vom Seegang entkoppelt ist, sofern die Wassertiefe hinreichend groß ist. Die Längen der einzelnen Leinen können je nach Messaufgabe variiert werden, wobei insbesondere die Wassertiefe und die gewünschte Messtiefe berücksichtigt werden muss.

Das Geräuschmesssystem (GMS) ist ebenfalls für die Messung von Rammschall bei der Errichtung von Offshore-Windenergieanlagen beim Windpark Borkum West II im April 2012 in der Nordsee eingesetzt worden. Die Messungen wurde in einem Abstand von 750 m vom Ort der Rammung durchgeführt[35]. Das Zeitsignal eines einzelnen Rammpulses ist in Abb. 10 zu sehen. Der dargestellte Zeitbereich von 1 s Messzeit würde einem möglichen Mittelungsintervall zur Bestimmung des äquivalenten Dauerschallpegels L_{eq} entsprechen. Man erkennt zudem die maximale Schalldruckamplitude p_{peak} des Rammpulses. Die Messung mit dem Geräuschmesssystem (GMS) wurde mit einen im Frequenzbereich von 10 Hz bis 100 kHz kalibrierten Hydrophon mit einer Empfangsempfindlichkeit von $G_{up} = -194\,\mathrm{dB}_{1V/\mu Pa@1,5kHz}$ durchgeführt und mit einem 24-bit AD-Wandler, der einen Eingangsbereich von ± 5 V besitzt, aufgezeichnet. Um insbesondere den Spitzendruck p_{peak} in der Zeitreihe hinreichend gut auflösen zu können, wurde eine Abtastrate von $f_s = 100$ kHz gewählt.

Eine Schmalbandanalyse von Rammschallpulsen ist in Abb. 11 zu sehen. Dieses wurde aus einer Mittelung von 60 aufeinander folgenden Pulsen mit einer Analysebandbreite von 1 Hz berechnet. Aufgrund der impulsartigen

---

[35] Das Bundesamt für Seeschifffahrt und Hydrographie (BSH) hat zusammen mit dem Bundesministerium für Umwelt, Naturschutz, Bau und Reaktorsicherheit einen Grenzwert festgelegt, nach dem der Spitzenpegel eines Schallereignisses, L_{peak} den Wert 190 dB$_{re1\mu Pa}$ und der Schallexpositionspegel L_e den Wert von 160 dB$_{re1\mu Pa}$ in einem Abstand von 750 m von Ort einer Rammung nicht überschreiten darf, wobei die Messposition des Hydrophons im Bereich von 2 bis 3 m über dem Meeresboden zu liegen hat [11]. Zur Ermittlung der Dämpfungseigenschaften schallreduzierender Maßnahmen für Hochseewindparks liegt die Technische Regel DIN SPEC 45653:2017-04 vor [64].

Abb. 11 Spektrale Leistungsdichte gemittelt über 60 Rammschallpulse mit Grundfrequenz und Oberwellen sowie breitbandigem spektralem Abfall

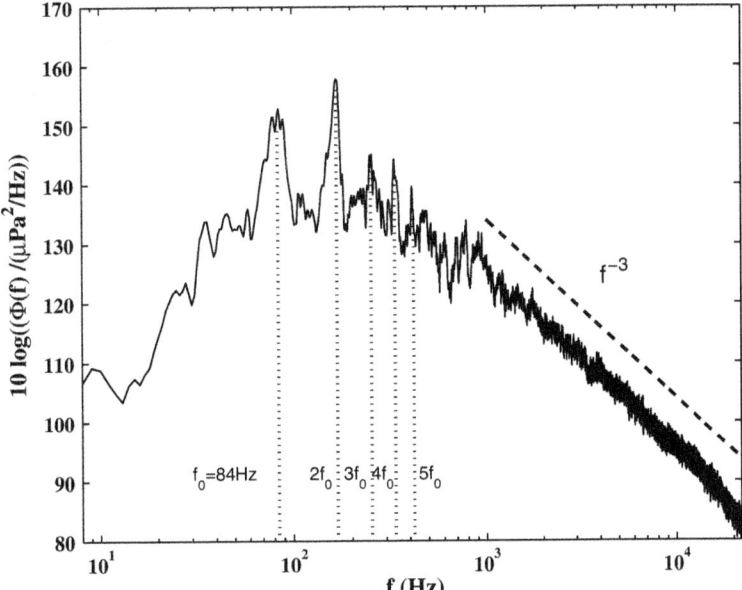

Anregung des Pfahles auf der Oberseite werden schräg laufenden Wellenfronten im Wasser induziert, die während der Ausbreitung mehrfach vom Meeresboden und der Oberfläche reflektiert werden [65]. Dieses Signal wird am Empfänger als abklingender Puls mit einer Grundfrequenz und mehreren Oberwellen detektiert. Man erkennt in Abb. 11 deutlich die Grundfrequenz des Rammpulses, die hier bei $f_0 = 84\,\text{Hz}$ liegt, und die Oberwellen sowie einen spektralen Abfall proprtional f^{-3}.

Ähnliche autonome Messsysteme sind mittlerweile auch kommerziell erhältlich, wie z. B. die AMAR-Boje *(Autonomous Multichannel Acoustic Recorder)* der Firma JASCO Applied Sciences, Kanada. Eine Messboje diesen Typs wurde für Schallausbreitungsversuche nahe der Messplattform FINO3 in der Nordsee verwendet [66, 67] (siehe Abschn. 6).

4.2.1 Dauerauslagen

Für Dauerauslagen oder bei starkem Seegang lässt sich der von der Messboje entfernt gelegene Teil der L-Auslage noch durch einen akustischen Releaser erweitern. Die Oberflächenboje wird in diesem Fall an dem Releaser befestigt und bleibt während der gesamten Messung unter Wasser in der Nähe des Meeresbodens. Nach Beendigung der Messung wird der Releaser akustisch vom Schiff ausgelöst und der Auftriebskörper steigt an die Wasseroberfläche, sodass das Messsystem vom Schiff aus wieder eingeholt werden kann. Für Langzeitmessung über mehrere Monate kann es problematisch werden, hinreichend Energie und Datenspeicher für ein autonomes Messsystem zur Verfügung zu stellen. Dieses ist insbesondere der Fall, wenn eine Hydrophonkette mit einer hohen Abtastrate, wie sie für Rammschallmessungen notwendig ist, für eine Langzeitmessung verwendet werden soll. Zudem muss bei einer Langzeitmessung auch die Möglichkeit der Steuerung und der Überwachung der Messung über einen Remote-Zugriff gegeben sein.

Für eine Dauerauslage kann es daher sinnvoll oder sogar notwendig sein, auf die technische Infrastruktur einer stationären Plattform im Meer zurückzugreifen. Die Forschungsplattform FINO3 stellt eine derartige technische Infrastruktur zur Verfügung. Sie steht in der Deutschen Bucht ca. 80 sm westlich vor Sylt (Position: 55°11′,7″N, 007°9′5″O). In unmittelbarer Nähe befindet sich der Windpark DanTysk, welcher aus 80 Offshore-Windenergieanlagen besteht. Der in Abb. 12 dargestellte Messturm wurde

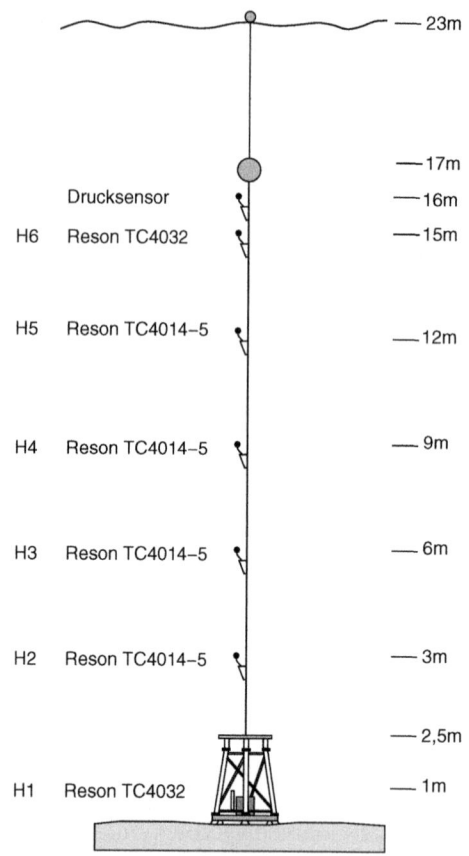

Abb. 12 Messturm mit Hydrophonkette bei der Forschungsplattform FINO3 in der Nordsee ca. 80 sm westlich vor Sylt. (Nach Gerdes et al. [67])

in der Umgebung der Forschungsplattform FINO3 aufgestellt, um die Schallentstehung bei Rammarbeiten während der Errichtung des Offshore-Windparks DanTysk zu untersuchen[36]. Die Hydrophonkette ist an einem Messturm befestigt, der auf dem Meeresboden steht, und wird über einen Auftriebskörper in eine senkrechte Position gebracht. Zur Markierung an der Meeresoberfläche kann der Aufbau mit einer Oberflächenboje versehen werden.

Bei dieser Hydrophonkette werden unterschiedliche Hydrophone auf den verschiedenen Messpositionen verwendet. Wegen ihres geringen Eigenrauschens werden am Boden (H1) und auf der obersten Position (H6) Hydrophone vom Typ Reson TC4032 verwendet. Auf den mittleren Positionen kommen Hydrophone vom Typ Reson 4014-5 zum Einsatz, da diese für einen größeren Frequenzbereich ausgelegt sind und damit die hochfrequenten Klick-Laute von Meeressäugern detektieren können. Die AD-Wandlung wird bei diesem Messsystem in einem wasserdichten Behälter, der in dem Messturm am Meeresboden integriert ist, mittels eines 8-kanaligen LTT24 Datenaufzeichnungssystems der Firma LTT Tasler mit 24-bit Auflösung durchgeführt. Als Abtastrate wird in der Regel 50 kHz gewählt, diese kann aber für bestimmte Messaufgaben, wie der Detektion von Klick-Lauten von Meeressäugern, auf 250 oder 500 kHz erhöht werden, was allerdings mit einer Reduzierung der Kanalzahl auf 2 bis 3 einhergeht.

Die Elektronikeinheit im Messturm ist über ein Unterwasserkabel, in dem sich sowohl ein Kabel für die Stromversorgung als auch eine Glasfaserleitung befindet, mit der Forschungsplattform FINO3 verbunden. Die Datenspeicherung wird auf FINO3 durchgeführt, von wo auch die Steuerung des Messsystems über eine Remote-Verbindung durchgeführt wird. Messtürme, wie der hier dargestellte, können auch autonom betrieben werden, sofern man sie mit einer separaten Stromversorgung und Datenspeicherung versieht, und dann z. B. für Schallausbreitungsmessungen verwendet werden (siehe Abschn. 6).

4.3 Frei driftende Bojensysteme

Einer der häufigsten Einsatzzwecke für Wasserschallmesssysteme ist die Vermessung von Schiffen. Diese können entweder statisch oder dynamisch vermessen werden. Bei einer statischen Vermessung wird das Schiff verankert, sodass die Entstehung von Wasserschall durch einzelne Aggregate im Detail untersucht werden kann. Diese geschieht in der Regel auf hydroakustischen Messstellen, wie sie in Abschn. 4.4 dargestellt werden. Da der Quellpegel eines Schiffes von der Fahrtgeschwindigkeit abhängt, müssen Messungen des Quellpegels aber auch bei unterschiedlichen Fahrtstufen durchgeführt werden.

---

[36]Wissenschaftlicher Projektleiter der Untersuchungen war F. Gerdes (WTD71-FWG) [68,69].

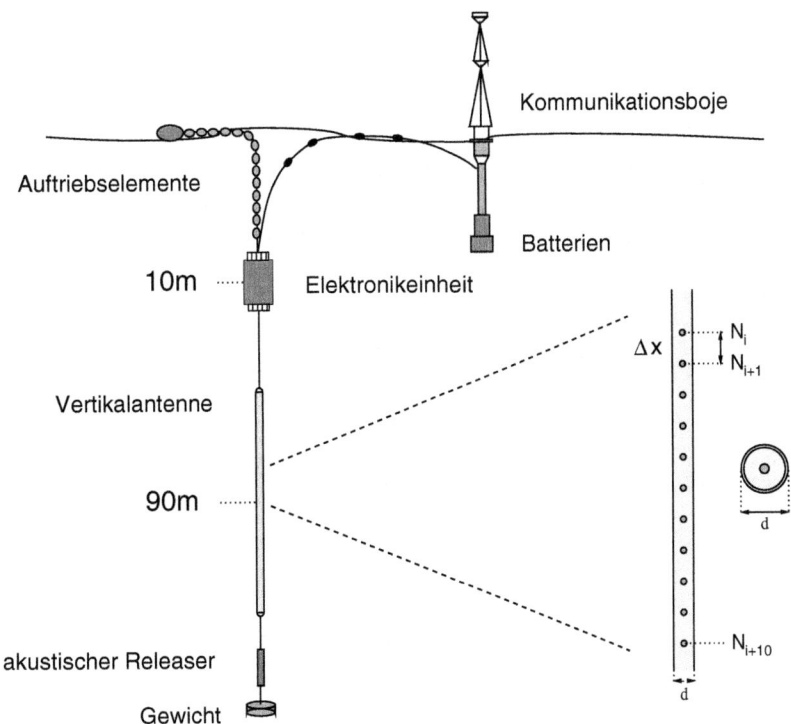

Abb. 13 Frei driftende Messboje mit Messeinheit und Kommunikationsboje. Für Wasserschallmessungen wird eine Vertikalantenne verwendet, in der die Hydrophone mittig in einen ölgefüllten Schlauch eingelassen sind. (Nach Nejedl et al. [70])

Diese dynamischen Vermessungen können ebenfalls auf einer hydroakustischen Messstelle oder auch in See vorgenommen werden.

Für eine dynamische Vermessung eines Schiffes in See können prinzipiell mehrere unterschiedliche Messsysteme und -verfahren verwendet werden, insbesondere auch die in den vorangegangenen Abschnitten vorgestellten Systeme. Besitzt das zu vermessende Schiff einen sehr hohen Quellpegel, kann eine Messung mit einem von einem Schiff abgehängten Messsystem in einem gewissen Frequenzbereich sinnvoll sein. Allerdings ist die Trennung der Geräuschanteile vom Messschiff und die vom zu vermessenden Schiff bei tiefen Frequenzen sehr problematisch.

Bei einem am Meeresboden verankerten Messsystem ist hingegen die Trennung der Geräuschanteile prinzipiell möglich, sofern sich das Messschiff hinreichend weit vom Messsystem entfernt. Allerdings sind die Einsatzmöglichkeiten derartiger Systeme für Schiffsvermessungen aufgrund der Messgeometrie nur auf das Flachwasser begrenzt. Eine Trennung des vom Boden reflektierten Schalls vom direkten Schall ist bei Flachwasserbedingungen prinzipiell schwierig, sodass Messungen des Quellpegels in dem für Schiffe wichtigen Frequenzbereich unter 100 Hz Tiefwasserbedingungen notwendig sind.

In Abb. 13 ist ein frei driftendes Bojensystem mit Vertikalantenne, welches zur Vermessung von Schiffen im Tiefwasser verwendet werden kann, dargestellt. Die Messeinheit besteht aus einer Elektronikeinheit für die Datenaufzeichnung und einer davon abgehängten Vertikalantenne. Die Elektronikeinheit befindet sich unterhalb der Wasseroberfläche auf ca. 10 m Tiefe, um eine möglichst gute Entkopplung vom Seegang zu erreichen. Die Tiefe der Vertikalantenne kann je nach Messaufgabe durch Änderung der Kabellänge angepasst werden. In dieser Darstellung liegt der akustische Schwerpunkt der Antenne auf 90 m Tiefe. Unterhalb der Antenne befindet sich ein Gewicht und ein akustischer Releaser, welcher vor dem Aufnehmen der Boje ausgelöst wird, um das Gewicht abzutrennen. In der von der Messeinheit entkoppelten Kommunikationsboje befindet sich die Stromversorgung über Batterien

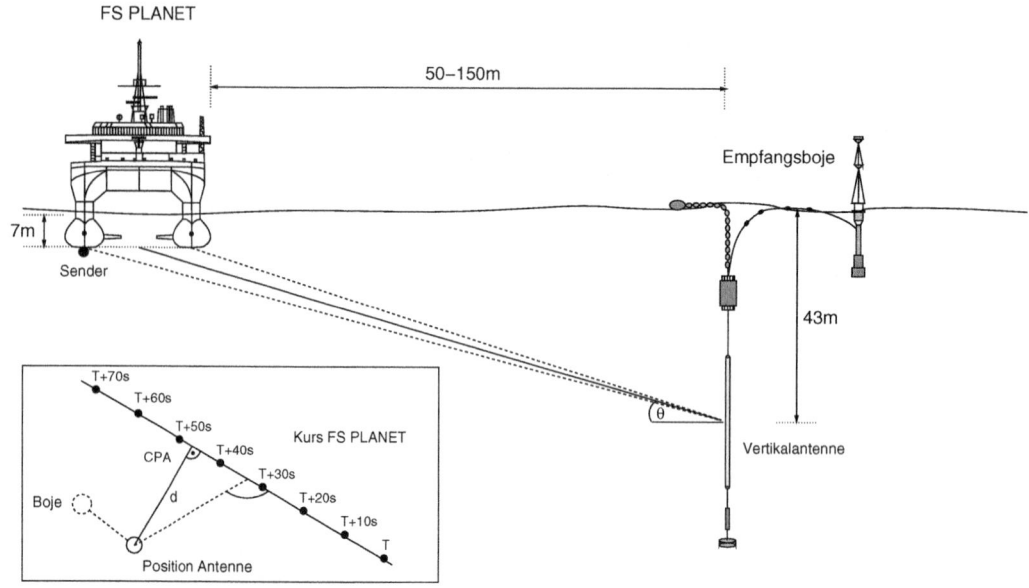

Abb. 14 Messanordnung zur dynamischen Vermessung von Schiffen (hier: FS PLANET) im Tiefwasser mit einer frei driftenden Empfangsboje mit Vertikalantenne: Das zu vermessende Schiff passiert auf geradem Kurs die Boje und sendet zur Abstandsbestimmung mit einer Lotperiode (hier 10 s) ein kurzes, hochfrequentes Signal aus. Die Messung wird in großer Entfernung von CPA, dem *closest point of approach*, begonnen und nach der Vorbeifahrt in großer Entfernung wieder beendet. Das Schiff wird von der Antenne unter einem bestimmten Winkel gesehen, welcher sich während der Vorbeifahrt ändert und im CPA den größten Wert annimmt. (Nach Nejedl et al. [71])

sowie die Kommunikationseinheit mit GPS, AIS und WLAN. Die Vertikalantenne besteht aus 128 nicht-äquidistant angeordneten Hydrophonen, die zu drei äquidistanten Antennen mit je 64 Hydrophonen kombiniert werden können. Diese einzelnen Linearantennen sind für drei unterschiedliche Frequenzbereiche bis zu 5 kHz optimiert. Die Abtastrate dieses Antennensystem beträgt $f_s = 15625\,\text{Hz}$. Neben den akustischen Daten werden auch nicht-akustische, wie Druck und Temperatur, aufgezeichnet. Daraus lässt sich u. a. die Tiefe der Antenne bestimmen. Die Messdaten werden während der Messung in der Elektronikeinheit gespeichert und nach Beendigung der Messung an Bord ausgelesen.

4.3.1 Messverfahren

Abb. 14 zeigt eine Anordnung zur Messung des Quellpegels eines Schiffes mit einer frei driftenden Messboje im Tiefwasser. Mit dieser Anordnung wurde 2003 zunächst das (alte) Forschungsschiff PLANET der Forschungsanstalt der Bundeswehr für Wasserschall und Geophysik (FWG) in der Keltischen See vermessen [72]. 2011 wurde dieses Messsystem erneut zur Vermessung[37] des Nachfolgers, dem neuen Forschungsschiff PLANET der WTD71, westlich der äußeren Hebriden eingesetzt [70,71,73].

Zur Messung des Quellpegels bei einer Fahrtstufe läuft das Schiff (hier FS PLANET) auf geradem Kurs mit konstanter Geschwindigkeit an der Boje vorbei. Die Aufzeichnung beginnt, je nach Fahrtstufe, 400 bis 1000 m vor Erreichen des CPA (closest point of approach), an dem das Schiff die Boje in einem Abstand von 50 m bis 150 m passiert. Die Messung wird beendet, nachdem sich das Schiff wieder 400 bis 1000 m vom CPA entfernt hat. Während der Vorbeifahrt sendet es mit einer festen Lotperiode von 10 s ein kurzes, hochfrequentes Wasserschallsignal aus, um die Trajektorie des Schiffes und damit den Abstand r zwischen dem Schiff und der Antenne ermitteln zu können. Aus diesem Abstand wird der

---

[37] Wissenschaftlicher Fahrtleiter dieser Forschungsfahrt war V. Nejedl (WTD71-FWG).

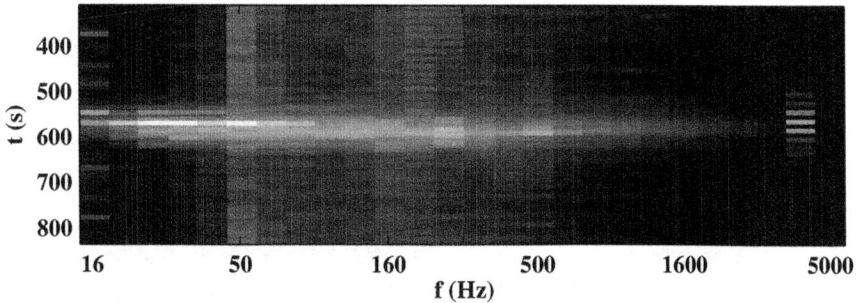

Abb. 15 Spektrogramm aus Terzpegelspektren von der Vorbeifahrt von FS PLANET an der Messboje. Der Abstand zur Boje im CPA, der nach ca. 580 s erreicht ist, beträgt ca. 75 m. Die einzelnen Spektren sind nicht auf den Abstand 1 m korrigiert, d. h. der Ausbreitungsverlust TL vom Schiff zur Boje wurde nicht berücksichtigt, sodass man die Erhöhung bzw. Verringerung des Spektralpegels bei Annäherung an bzw. bei Entfernung vom CPA deutlich erkennen kann

Ausbreitungsverlust ermittelt. Bei Tiefwassermessungen wird bei den verwendeten Messabständen in der Regel eine sphärische Ausbreitung angenommen, sodass eine Korrektur gemäß $20 \cdot \log_{10}(r/r_0)$ angewendet wird. Die Wahl der Lotperiode hängt u. a. von der Nachhallsituation im Messgebiet ab.

Als Signal wird in der Regel ein kurzer LFM-Puls (*linear frequency modulated,* oder Chirp) verwendet, da dieser leicht mittels der Matched-Filter Methode [74] im Zeitsignal detektiert werden kann. Bei der Vermessung von FS PLANET im Jahr 2011 vor den äußeren Hebriden wurde ein Puls mit den Mittenfrequenz $f_m = 4\,\text{kHz}$, einer Bandbreite von 250 Hz und einer Pulsdauer von 100 ms verwendet. Der Frequenzbereich ist derart gewählt, dass eine Störung der relevanten Frequenzbereiche des zu vermessenden Schiffes ausgeschlossen werden kann.

In Abb. 15 ist ein Spektrogramm aus Terzpegelspektren von einem Vorbeilauf von FS PLANET an der Messboje mit 6 kn Fahrt zu sehen. Die einzelnen Terzpegelspektren ergeben sich aus einer Mittelung über acht aufeinanderfolgende Kurzzeitspektren (Messzeit jeweils 1 s) sowie aus der Mittelung über alle 128 Einzelspektren. Für die Schiffsakustik ist der untere Frequenzbereich bis zu 1 kHz von besonderer Bedeutung, da hier in der Regel die Hauptgeräuscherzeuger Beiträge liefern. Einzelne Aggregate haben aber auch im höheren Frequenzbereich Geräuschbeiträge[38].

Bei Annäherung an den CPA (closest point of approach) erkennt man deutlich die Erhöhung des Pegels im unteren Frequenzbereich sowie die hochfrequenten Signalpulse[39].

4.3.2 Quellenseparation

Die Separation der Schiffsgeräusche von Umgebungs- und anderen Störquellen ist bei schiffsakustischen Messungen wichtig, insbesondere bei der Vermessung eines leisen Schiffes, wie des Forschungsschiffes PLANET. Mittels einer Vertikalantenne kann man die Geräuschbeiträge, die aus unterschiedlichen Richtungen stammen, separieren. In Abb. 16 ist ein Wellenzahl-Frequenzspektrum zu sehen, welches aus den Messdaten in einem acht Sekunden langen Zeitabschnitt um den CPA berechnet wurde. Wie in Abschn. 2.3.3 erläutert, entspricht jede vom Nullpunkt ausgehende Gerade im Wellenzahl-Frequenzspektrum einer bestimmten Richtung, aus der ebene Wellen unterschiedlicher Frequenz auf die Antenne treffen können. Ein Frequenzpeak auf dieser Geraden entspricht dabei einem schmalbandigen Signal aus der entsprechenden Richtung, während sich ein breitbandiges Geräusch in einer Spur entlang der Geraden äußert.

Man erkennt die ansteigende Geräuschspur von FS PLANET in Abb. 16 insbesondere am hochfrequenten Sendepuls bei 4 kHz, die sich im CPA deutlich von der Spur des Umgebungsgeräusches und

---

[38] Bei höheren Fahrtstufen ist auch der höhere Frequenzbereich oberhalb von ca. 1 kHz wegen der Kavitation am Propeller von Bedeutung.

[39] Bei der Darstellung ist zu beachten, dass die Lotperiode von 10 s nicht mit der Analysezeit von 8 s synchronisiert ist.

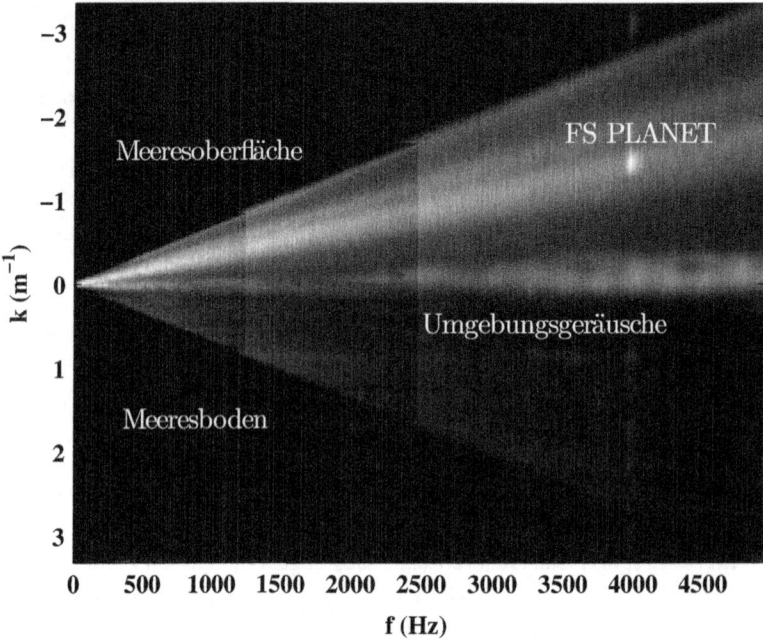

Abb. 16 Wellenzahl-Frequenzspektrum im CPA (closest point of approach) bei ca. 75 m Abstand zwischen FS PLANET und Boje: Geräuschbeiträge aus unterschiedlichen Richtungen führen zu geraden Spuren im Diagramm. Der hochfrequente Sendepuls bei 4 kHz markiert die von FS PLANET stammende Geräuschspur. Diese ist von der horizontalen Spur des Umgebungsgeräusches deutlich separiert. Geräusche von der Meeresoberfläche und dem Meeresboden markieren die obere und untere Grenze des dreieckförmigen akustischen Bereiches im Spektrum. Außerhalb des akustischen Bereiches fällt der Pegel signifikant ab (helle Bereiche im Spektrum entsprechen einem hohen Pegel, während niedrige Pegel dunkel dargestellt sind)

der Geräuschspur der Meeresoberfläche absetzt. Das Umgebungsgeräusch stammt überwiegend von weit entfernten Schallquellen, deren Schall sich aufgrund des typischen Schallgeschwindigkeitsprofils im Tiefwasser im Wesentlichen horizontal im Schallkanal ausbreitet. Die Geräuschspur von der Meeresoberfläche bildet die obere Grenze des dreieckförmigen akustischen Bereiches in Abb. 16, während die des Meeresbodens die untere Grenze dieses Bereiches darstellt. Aus Abb. 16 wird auch deutlich, dass praktisch keine Geräuschbeiträge vom Meeresboden kommen, d. h. dass insbesondere Bodenreflexionen für diese Messung keine Rolle spielen. Die Wassertiefe betrug bei dieser Messung mehr als 1000 m, was als hinreichend für Tiefwasserbedingungen angesehen werden kann.

Durch Richtungsbildung, entweder mithilfe einer Wellenzahl-Frequenzanalyse oder eines Beamformers [20], kann der Quellpegel des Schiffes berechnet werden. Abb. 17 zeigt das Terzpegelspektrum von FS PLANET bei 6 kn Fahrt im CPA. Der Abstand zur Boje beträgt hier ca. 80 m. Für die Berechnung ist in diesem Fall ein *Delay-and-Sum* Beamformer verwendet worden, der auf einen Winkel von 57° im Bezug auf die horizontale Ausbreitungsrichtung, d. h. auf die Antennennormale, ausgerichtet ist. Dafür sind 64 äquidistante Hydrophone, die einen Abstand von 15 cm untereinander besitzen, verwendet worden. Neben dem Terzpegelspektrum ist auch das auf 1 Hz Bandbreite normierte Terzpegelspektrum dargestellt. Dieses normierte Terzpegelspektrum wird in der Regel für Wasserschallmessungen verwendet, da der spektrale Verlauf dem eines (im jeweiligen Terzband gemittelten) Schmalbandspektrums mit einer Analysebandbreite von 1 Hz entspricht. Dadurch lassen sich u. a. Ergebnisse aus Terz- und Schmalbandanalysen direkt vergleichen.

Bojensysteme mit Vertikalantennen sind zur dynamischen Vermessung von Schiffen

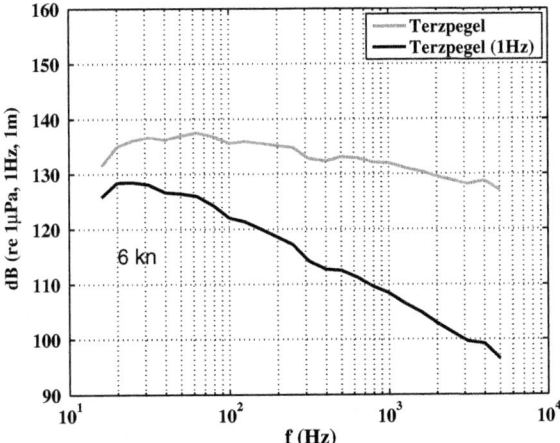

Abb. 17 Mittels eines Delay-and-Sum Beamformers bestimmtes Terzpegelspektrum sowie das auf 1 Hz Bandbreite normierte Terzpegelspektrum von FS PLANET bei 6 kn Fahrt im CPA. Die Spektren sind auf 1 m Abstand korrigiert, d. h. der Ausbreitungsverlust TL ist bei der Berechnung der Spektren berücksichtigt worden. Der Verlauf des auf 1 Hz normierten Terzspektrums entspricht dem geglätteten Verlauf des entsprechenden Schmalbandspektrums

im Tiefwasser geeignet, haben aber den Nachteil, dass derartige Messungen mit einem hohen Einsatz von Ressourcen verbunden sind. Tiefwasserbedingungen mit einer Wassertiefe von mehr als 1000 m sind nur außerhalb des europäischen Schelfmeeres gegeben. Geeignete Messgebiete sind z. B. die Norwegensee, die Keltische See (außerhalb des Schelfs) oder angrenzende Gebiete im Atlantischen Ozean. Neben den langen Anfahrtswegen, welche die zur Verfügung stehende Messzeit einschränken, kann der Einsatz von Bojensystemen zudem aufgrund von Wetter- und Seegangsbedingungen eingeschränkt sein.

4.4 Hydroakustische Messstellen

In den vorangegangenen Abschnitten wurden mobile Messsysteme dargestellt, die sich flexibel in unterschiedlichen Messgebieten einsetzen lassen. Diese Flexibilität kann notwendig sein, wenn das Messobjekt, wie z. B. eine Offshore-Windenergieanlage, ortsgebunden ist oder die Messungen in einem bestimmten Seegebiet durchgeführt werden müssen, z. B. wenn aus kommerziellen Gründen eine Abweichung von einer fest vorgegebenen Route des zu vermessenden Schiffes nicht möglich ist [76].

Mobile Wasserschallmesssysteme sind zudem für Forschungsaufgaben notwendig.

Ansonsten bieten feste installierte, hydroakustische Messstellen insbesondere für Schiffsvermessungen Vorteile. Der Ort einer solchen Messstelle kann derart gewählt werden, dass meeresakustische Randbedingungen und mittlere Umgebungsbedingungen optimal sind. Zudem ist bei einer funktionsbereiten Messstelle der technische Aufwand für eine einzelne Vermessung eines Schiffes deutlich geringer als bei einem mobilen System, da die Zeit für die Fahrt ins Messgebiet entfällt, die Messgeometrie (Kurs, Ablage) einfacher zu bestimmen sind und das Ausbringen und Einholen des Messsystems sowie ggf. die Notwendigkeit eines Hilfsschiffes entfällt.

Abb. 18 zeigt schematisch die Messstelle Aschau der WTD 71 in der Eckernförder Bucht mit den Positionen der Hydrophone [36]. Auf dieser Messstelle können sowohl statische als auch dynamische Vermessungen von Schiffen durchgeführt werden. Man erkennt in der Abbildung den vorgegebenen Kurs sowie unterschiedliche Messplätze. Auf Messplatz 1 gibt es ein Hydrophon, welches direkt auf diesem Kurs liegt, um die Abstrahlung unterhalb des Schiffes zu erfassen *(keel aspect)*, sowie weitere Hydrophone mit einem definierten seitlichen

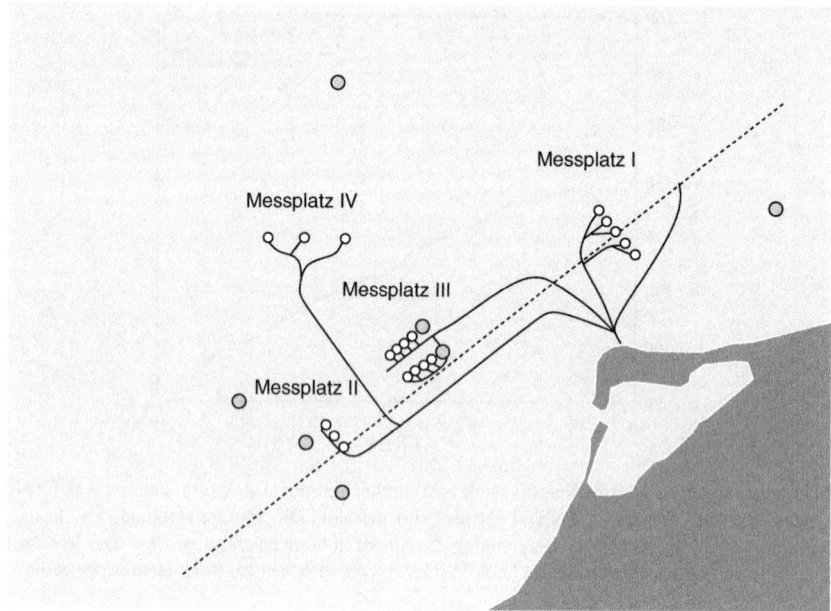

Abb. 18 Schematische Darstellung der hydroakustischen Messstelle Aschau (WTD 71) in der Eckernförder Bucht. (Nach Schäl [75])

Abstand, um die Abstrahlung eines Schiffes zur Seite *(beam aspect)* zu vermessen. Die Datenaufzeichnung wird an Land durchgeführt.

Bei der Messstelle Aschau handelt es sich um eine Flachwasser-Messstelle, die Eckenförder Bucht hat in diesem Bereich eine Wassertiefe im Bereich von 20 m[40]. Dadurch ist die Bestimmung des Quellpegels eines Schiffes im tieffrequenten Bereich beeinträchtigt [77]. Die Messstelle ermöglicht aber eine Vermessung von Schiffen mit einer hohen Reproduzierbarkeit. Das ist gerade für den Vergleich von akustischen Zuständen von Schiffen vor und nach technischen Maßnahmen (z. B. Werftzeiten) von großer Bedeutung.

Für Tiefwasservermessungen betreibt die WTD 71 zusammen mit Partnern aus den Niederlanden und Norwegen eine weitere hydroakustische Messstelle bei Heggernes am Hedla-Fjord in Norwegen [37,78]. Für diese Messstelle konnte insbesondere im Vergleich mit Seeexperimenten gezeigt werden, dass sie die Tiefwasserbedingungen hinreichend erfüllt [71].

---

[40]Tiefwasserbedingungen sind in der deutschen Nord- und Ostsee nicht vorhanden.

5 Geschleppte Sensorsysteme

Geschleppte Messsysteme werden in der Meeresforschung, insbesondere in der Ozeanographie und der marinen Geophysik, in vielfältiger Weise zur Vermessung des Meeresbodens und der Wassersäule eingesetzt. Bei dieser Messanordnung wird das Messsystem an einem Schleppkabel hinter einem Schleppschiff auf einer bestimmten Wassertiefe hinterher gezogen. Neben der variablen Positionierbarkeit der Sensoren in der Wassersäule haben geschleppte Systeme den Vorteil, dass große Bereiche des Meeres systematisch untersucht werden können. Beispielsweise kann man mit einer geschleppten CTD-Kette [57,79] die räumliche Variabilität des Schallgeschwindigkeitsprofils bestimmen oder Bilder des Meeresbodens mittels eines Side-scan Sonar (siehe Abschn. 6.2.3) aufnehmen. Für die Messung von Wasserschall können geschleppte Messsysteme ebenfalls sehr vorteilhaft sein. Es lässt sich z. B. mit einer Schleppantenne eine Richtungsbildung und damit eine Signaltrennung im Azimutwinkel durchführen.

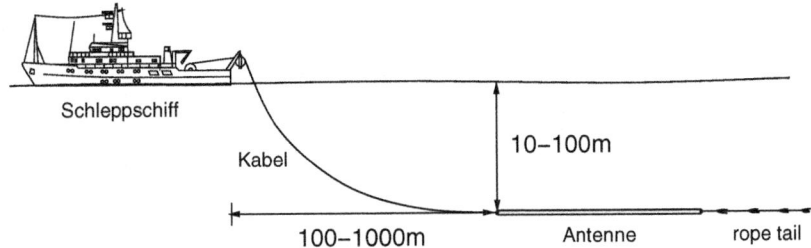

Abb. 19 Schematische Darstellung einer Schleppanordnung aus Schleppschiff und linearer Schleppantenne (nicht maßstabsgetreu)

5.1 Schleppantennen (towed arrays)

Abb. 19 zeigt eine typische Messanordnung aus Schleppschiff und Schleppantenne. Die Antenne wird in einem Abstand von etwa hundert Metern bis zu etwa einem Kilometer hinter dem Schleppschiff hergezogen, wobei die Länge des Schleppkabels von der angestrebten Messtiefe sowie der Schleppgeschwindigkeit bzw. dem Quellpegel des Schleppschiffes abhängt. Mit höherer Geschwindigkeit nimmt der Quellpegel eines Schiffes zu und kann, je nach zu untersuchendem Frequenzbereich, zu einer signifikanten Störung der Wasserschallmessung führen. Ein leises Forschungsschiff wie FS PLANET eignet sich daher besonders gut für den Einsatz einer Schleppantenne. Generell haben geschleppte Messsysteme den Vorteil, dass durch die räumliche Trennung der Sensoren von der Messplattform ein deutlich geringeres Störgeräusch als bei einem plattformgebundenen Messsystem erreicht werden kann, sofern die Geräuschabstrahlung des fahrenden Schleppschiffes nicht zu groß wird.

Aufgrund der hydrodynamischen Gegebenheiten während des Schleppvorgangs sind Schleppantennen praktisch immer Linearantennen, die von einem dünnen elastischen Schlauch umgeben sind und sich in Fahrt horizontal hinter dem Schleppschiff ausrichten. Um eine definierte und ruhige Lage der Hydrophone in der Horizontalen sicherzustellen, kommt dem dynamischen Laufverhalten der Antenne eine besondere Bedeutung zu. Daher muss das Design einer Antenne auf die Messaufgabe und den entsprechenden Parameterbereich, wie die Schleppgeschwindigkeit und Schlepptiefe, abgestimmt sein. Schleppantennen sind idealerweise auftriebsneutral getrimmt.

Durch den Abtrieb des Schleppkabels stellt sich dann zusammen mit den hydrodynamischen Kräften an der Antenne durch die Bewegung im Wasser die Lauftiefe ein. Diese Kräfte sorgen zudem für die Stabilität des Laufverhaltens. Ein wichtiges Element ist dabei ein zusätzliches Seil, das sogenannte *rope tail,* welches am hinteren Ende einer Schleppantenne befestigt wird. Bei typischen Schleppgeschwindigkeiten von einigen Metern pro Sekunde bildet sich um eine Schleppantenne in der Regel eine turbulente Grenzschicht, die sowohl einen mittleren Zug auf die Antenne ausübt als auch fluktuierende Druck- und Zugkräfte auf der Schlauchhülle induziert.

In Abb. 20 ist ein Segment einer Schleppantenne dargestellt, bei dem die Hydrophone innerhalb eines ölgefüllten elastischen Schlauchs positioniert sind, so wie es bei der in Abschn. 4.3 dargestellten Vertikalantenne ebenfalls der Fall war. Allerdings können der innere Aufbau sowie der Durchmesser einer Antenne je nach Einsatzzweck variieren. Typische Durchmesser von Schleppantennen liegen im Bereich von wenigen Millimetern, sogenannte *thin-line arrays* [80], bis zu mehreren Zentimetern [81–83]. Da es sich bei Schleppantennen in der Regel um Horizontalantennen handelt, lassen sich damit andere Messverfahren realisieren als mit einer Vertikalantenne.

Mit einer Horizontalantenne ist es zwar nicht mehr möglich, zwischen Signalen, die von der Meeresoberfläche und dem -boden herrühren, zu unterscheiden, sie ermöglichen aber eine Trennung von Schallquellen in azimutaler Richtung. Für eine Richtungsbildung definiert das räumliche

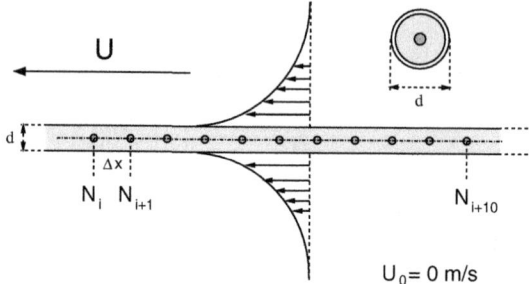

Abb. 20 Segment einer Schleppantenne mit zehn mittig in einem ölgefüllten, elastischen Schlauch positionierten Hydrophonen. Bei einer (relevanten) Schleppgeschwindigkeit U bildet sich um die Antenne typischerweise eine turbulente Grenzschicht, deren mittleres Profil schematisch dargestellt ist

Nyquist Kriterium den minimalen horizontalen Hydrophonabstand und die Hydrophonanzahl ergibt sich durch die angestrebte räumliche Auflösung. Dadurch können sich Anzahl und Anordnung der Hydrophone je nach dem zu untersuchenden Frequenzbereich signifikant unterscheiden. Die Länge einer Schleppantenne kann von wenigen Metern bis zu einigen Kilometern betragen, was zu einem Verhältnis von Länge zum Durchmesser in der Größenordnung von $O(10^2)$ bis $O(10^6)$ führt.

Abb. 21 zeigt ein Beispiel für ein Wellenzahl-Frequenzspektrum, das mit einer ca. 300 m langen Schleppantenne bei 6 kn Fahrt im Skagerrak aufgenommen wurde [82]. Die Antenne besitzt 192 Hydrophone, die nicht-äquidistant angeordnet sind, und die Messdaten wurden mit einer Abtastrate von $f_s = 7812\,\text{Hz}$ aufgezeichnet. Das Schleppschiff war mit einem Wasserschallsender (Pinger) ausgestattet, um die Geräuschspur des Schleppschiffes im Spektrum zu markieren. Wie man in Abb. 21 deutlich erkennt, lassen sich mit dieser Antenne Quellen auch in dem für schiffsakustische Messungen wichtigen Frequenzbereich unterhalb 200 Hz separieren. Die Geräuschspuren stammen in diesem Fall von zufälligen, zum Teil weit entfernten Schiffen. Mit einer derartigen Schleppantenne lässt sich im Prinzip der Quellpegel eines Schiffes durch Fahrt von Messschiff und zu vermessendem Schiff auf einem Parallelkurs gezielt vermessen. Darüber hinaus können wegen der horizontalen Richtungsbildung auch Quellen am Schiff lokalisiert und identifiziert werden.

5.2 Strömungsinduziertes Eigenstörgeräusch

Eine Wasserschallmessung kann durch eine Vielzahl von Geräuschen gestört werden. Da ist zunächst das Umgebungsgeräusch zu nennen, welches alle externen Störeinflüsse umfasst und je nach Wetter und Schiffsverkehr deutlich variieren kann (siehe Abschn. 3.2). Dieses Störgeräusch kann durch Auswahl eines geeigneten Messgebietes und eines günstigen Messzeitraums in einem gewissen Maße bei der Versuchsplanung berücksichtigt werden. Das *Eigenstörgeräusch* umfasst hingegen die Störgeräusche, welche durch den Betrieb der Antenne verursacht werden. Zu den Ursachen gehören das elektronische Rauschen der Verstärker und Hydrophone, aber auch der für die Messung relevante Anteil des Körper- und Wasserschalls, welcher von der Messplattform erzeugt wird. Dabei verringert die räumliche Separation von Messplattform und Sensorsystem bei einem geschleppten Messsystem diesen Anteil am Eigenstörgeräusch gegenüber dem bei einem plattformgebundenen und kann damit den nutzbaren Frequenzbereiches des Messsystems signifikant vergrößern.

Bei Schleppantennen gibt es allerdings noch ein weiteres Störgeräusch, welches durch die turbulente Umströmung des geschleppten Sensorsystems induziert wird. Dieses strömungsinduzierte Eigenstörgeräusch resultiert aus den Wanddruckschwankungen unterhalb einer turbulenten Grenzschicht und deren Wechselwirkung bzw. deren Anregung der mechanischen

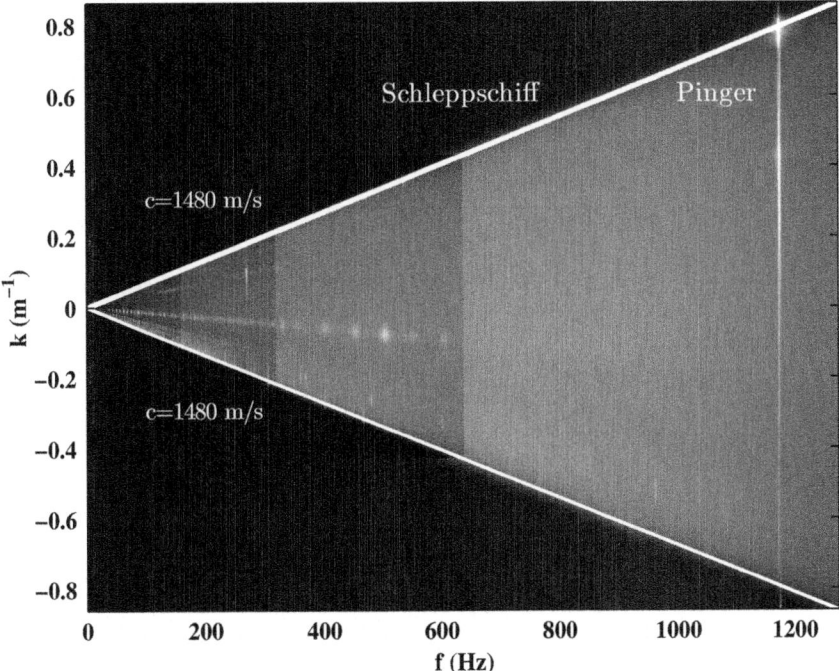

Abb. 21 Wellenzahl-Frequenzspektrum aufgenommen mit einer ca. 300 m langen Schleppantenne, die als *Nested Array* aus 192 Hydrophonen aufgebaut ist. Man erkennt Geräuschspuren mit einzelnen Frequenzpeaks (helle Punkte) aus unterschiedlichen Richtungen von zufällig vorbeifahrenden, zum Teil weit entfernten Schiffen. Ein LFM-Puls mit einer Mittenfrequenz von 1150 Hz wurde vom Schleppschiff ausgesendet. Von der Antenne aus betrachtet kommt dieser Puls direkt von vorne (Pinger) und besitzt daher eine projizierte Wellengeschwindigkeit, die genau der Schallgeschwindigkeit c = 1480 m/s entspricht

Hülle der Antenne. Dieses im Inneren der Antenne induzierte Strömungsgeräusch ist bei höheren Fahrtstufen insbesondere im tieffrequenten Bereich das dominierende Störgeräusch und limitiert damit die Einsatzmöglichkeiten des hydroakustischen Messsystems. Die Untersuchung des strömungsinduzierten Eigenstörgeräusches und deren physikalischen Ursache ist daher von zentraler Bedeutung für die Bewertung der Leistungsfähigkeit eines geschleppten hydroakustischen Messsystems.

Da diese Störgröße bauartbedingt ist und nach Fertigstellung einer Antenne nur noch in einem sehr begrenztem Umfang beeinflusst werden kann, ist es sinnvoll, die unterschiedlichen physikalischen Einflussfaktoren systematisch zu untersuchen und die Ergebnisse in ein Antennendesign im Vorfeld einfließen zu lassen. In Abb. 22 sieht man eine Schleppanordnung mit einem Schleppkörper-basierten Messsystem, dem FLAME-Schleppkörper (Flow Noise Analysis and Measurement Equipment). Diese Messsystem wurde 2004 von der Firma ATLAS Elektronik zusammen mit der FWG zur systematischen Untersuchung des strömungsinduzierten Eigenstörgeräusches und den zugrunde liegenden physikalischen Prozesse entwickelt [84, 85]. Der Schleppkörper hat eine Gesamtlänge von 5,3 m, eine Höhe von 1,3 m und eine Breite von 0,9 m (ohne Flossen). Das Gesamtgewicht beträgt 2,8 t, wobei sich die Masse im Wasser auf 3,5 t dadurch erhöht, dass der Schleppkörper in der mittleren Sektion geflutet wird. Der Schleppkörper besitzt mit einem Restauftrieb von nur ungefähr 3000 N ein sehr stabiles Laufverhalten.

Abb. 23 zeigt den FLAME Schleppkörper mit einer aus 30 Hydrophonen bestehenden, linearen Antenne. Die Hydrophone sind direkt unterhalb der Oberfläche in ein Elastomer eingebettet, und der Hydrophonabstand beträgt

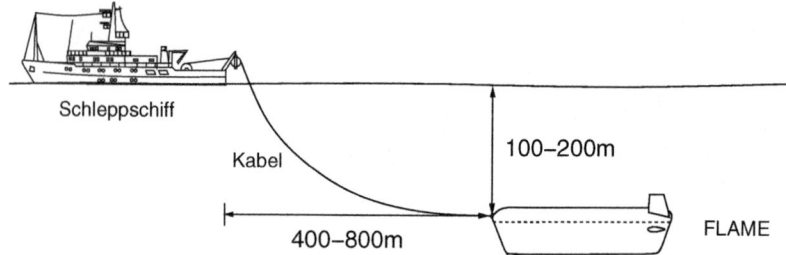

Abb. 22 Schleppanordnung für ein Schleppkörper-basiertes Messsystem zur Untersuchung des strömungsinduzierten Eigenstörgeräusches von hydroakustischen Sensorsystemen

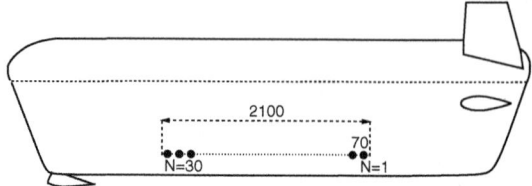

Abb. 23 Schleppkörper mit Linearantenne bestehend aus 30 äquidistanten Hydrophonen, die einen Abstand von jeweils d = 70 mm untereinander besitzen. Die akustische Länge der Antenne beträgt 2100 mm

70 mm, sodass sich eine akustische Länge von 2100 mm ergibt. Dieses Sensorsystem ist aber nicht für hydroakustische Messungen ausgelegt, sondern dient der Untersuchung des strömungsinduzierten Eigenstörverhaltens [84]. In Abb. 24a ist ein Wellenzahl-Frequenzspektrum zu sehen, welches aus den bei einer Schleppgeschwindigkeit von 4,3 m/s (8 kn) aufgenommen Druckzeitreihen berechnet wurde. Die Abstastfrequenz dieses Systems beträgt $f_s = 31250\,\text{Hz}$ und die Messzeit ca. 10 s. Das Spektrum ergibt sich durch Mittelung über 10 Kurzzeitspektren.

Die Geräuschbeiträge außerhalb des durch die Linien der Schallgeschwindigkeit $c = 1485\,\text{m/s}$ in Abb. 24a gekennzeichneten Bereiches haben ihren physikalischen Ursprung nicht im Wasserschall, da die zugehörige Ausbreitungsgeschwindigkeit in diesen Wellenzahlbereichen zu niedrig ist. Vielmehr handelt es sich um strömungsinduzierte Geräusche, welche auch den Wasserschallbereich beeinflussen. Auch wenn diese Geräusche im Wasserschallbereich durch das Umgebungsgeräusch im höheren Frequenzbereich oder durch andere Störgeräusche maskiert sind, lässt sich das strömungsinduzierte Eigenstörgeräusch durch den mittleren Pegel außerhalb des Wasserschallbereichs schätzen [84].

In Abb. 24b ist ein Vergleich der mittleren spektralen Leistungsdichte mit dem Eigenstörpegel, der aus der mittleren spektralen Leistungsdichte des Nicht-Wasserschallbereiches bestimmt wurde, zu sehen. Prinzipiell lässt sich mit einer Wellenzahl-Frequenzanalyse das strömungsinduzierte Eigenstörgeräusch auch von Schleppantennen, wie sie in Abschn. 5.1 dargestellt wurden, untersuchen. Das FLAME Messsystem kann im Hinblick auf die verwendete Sensorik und den mechanischen Aufbau flexibel gestaltet werden und ist für die Untersuchung von unterschiedlichen Messkonfigurationen verwendet worden [85].

Diese Messmethode basierend auf der Wellenzahl-Frequenzanalyse liefert eine robuste Schätzung für den Eigenstörpegel auch im Wasserschallbereich d. h. in dem für die Antenne relevanten Wellenzahlbereich, unter der Annahme eines *weißen* Wellenzahlspektrums für jede Frequenz. Neben dem mittleren Pegel lassen sich noch weitere statistische Maße finden, die eine genauere Charakterisierung des Eigenstörgeräusches ermöglichen [84].

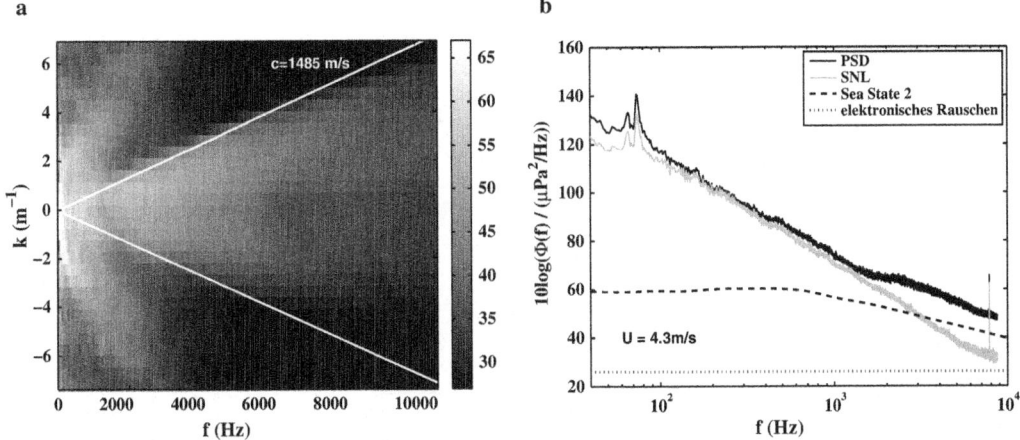

Abb. 24 **a** Wellenzahl-Frequenzspektrum bei einer Geschwindigkeit von 4,3 m/s (8 kn), **b** mittlere spektrale Leistungsdichte (PSD) im Vergleich zum strömungsinduzierten Eigenstörgeräusch (SNL), welches aus der mittleren spektralen Leistungsdichte außerhalb des Wasserschallbereichs bestimmt wurde. Zum Vergleich ist das Umgebungsgeräusch *Sea State 2* nach Wenz [26,41] und der elektronische Rauschpegel des Messsystems eingezeichnet. Der Frequenzpeak bei ca. 80 Hz ist hydroakustischen Ursprungs

6 Aktive Messsysteme und -verfahren

Neben Sensorsystemen zur Messung *von* Wasserschall gibt es auch Messsysteme, die *mit* Wasserschall messen. Solche aktiven Systeme senden definierte Wasserschallsignale aus und empfangen den von einem Objekt zurück gestreuten oder durch die Wassersäule transmittierten Schall. Die Auswertung der empfangenen Signale ermöglicht dann Rückschlüsse auf die physikalischen Eigenschaften des Objektes, des Schallkanals oder des Empfängers.

Aktive Messsysteme unterscheiden sich messtechnisch von den zuvor diskutierten passiven Sensorsystemen in der Regel nur durch die Hinzunahme eines Sendewandlers, dessen Eigenschaften wie Frequenzband, Sendepegel und Abstrahlcharakteristik an die gewünschte Messgröße und -anordnung angepasst sein müssen. In der Praxis stellt allerdings die technisch realisierbare Sendetechnik bzw. die Handhabbarkeit eines Senders auf See eine Begrenzung dar, insbesondere wenn Frequenzen unterhalb von 1 kHz verwendet werden sollen[41].

6.1 Kalibrierung von Antennen

Die Kalibrierung von hydroakustischen Sensorsystemen, wie sie in Abschn. 4 und 5 beschrieben wurden, ist ein wichtiges aktives Messverfahren, da die Verwendung kalibrierter Messsysteme eine Grundvoraussetzung für jede Wasserschallmessung ist. Die Kalibrierung einzelner Hydrophone [86] kann bis zu einer unteren Frequenz von wenigen kHz in einem Messtank oder an einer Messstelle, wie z. B. in einem See durchgeführt werden[42]. In diesem Abschnitt soll es nicht um die Kalibrierung einzelner Hydrophone, sondern um die Kalibrierung von meeresakustischen Sensorsystemen gehen, die aufgrund ihrer geometrischen Abmessungen oder des interessierenden Frequenzbereiches nur im Meer durchgeführt werden kann. Dabei unterscheidet sich die Kalibrierung von

---

[41] Je nach Messaufgabe kann man omnidirektionale Kugelwandler, zylindrische Ringwandler oder Wandler mit einer anderen Richtcharakteristik einsetzen. Ein Beispiel für einen omnidirektionalen Sendewandler ist der ITC4008A, der einen Schallsendepegel von 148 dB$_{re\mu Pa/V@1m}$ bei der Resonanzfrequenz $f_{res.} = 5,5$ kHz besitzt, während der Schallsendepegel des wasserdurchfluteten Zylinderwandlers ITC2010 127 bzw. 129 dB$_{re\mu Pa/V@1m}$ bei den Resonanzfrequenzen von $f_{res.} = 1,0$ kHz und $f_{res.} = 2,5$ kHz beträgt. Wandler mit einer ausgeprägten Richtcharakteristik werden z. B. bei Fächerloten verwendet.

[42] Die WTD 71 unterhält für diese Aufgabe eine Kalibrierstelle am Plöner See.

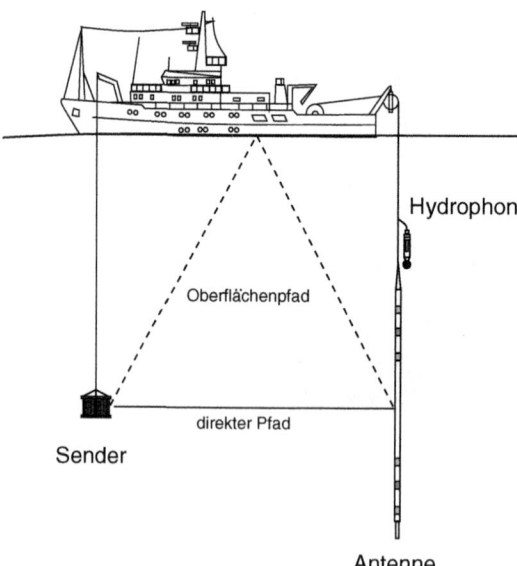

Abb. 25 Prinzipielle Anordnung zur Kalibrierung einer Vertikalantenne mit Sender, Antenne und kalibriertem Referenzhydrophon (ggf. mehrere Hydrophone auf unterschiedlichen Messtiefen). Zylindrischer Ringwandler und akustischer Schwerpunkt des Empfängers hängen auf der gleichen Tiefe. Die Messtiefe muss hinreichend groß sein, sodass eine Signaltrennung von direktem und Oberflächenpuls (und ggf. Bodenpuls) möglich ist. Tiefenmessungen an Sender und Empfänger können mittels PT-Logger, welche Druck und Temperatur autonom messen, vorgenommen werden

abgehängten und von geschleppten Messsystemen grundsätzlich in der Messanordnung.

6.1.1 Abgehängte Systeme

Die einfachste Messanordnung zur Kalibrierung eines hydroakustischen Sensorsystems stellt das gleichzeitige Abhängen eines Senders und des zu kalibrierenden Empfangssystems von einem Schiff dar. Dieses setzt voraus, dass das Empfangssystem von einem Schiff abgehängt betrieben werden kann, was z. B. für ein Schleppsystem in der Regel nicht der Fall ist.

Ein Aufbau zur Kalibrierung eines abgehängten Empfangssystems ist exemplarisch für eine Vertikalantenne in Abb. 25 dargestellt. Der Sender wurde hier vom Vorschiff des Forschungsschiffes FS Elisabeth Mann Borgese über einen Kran abgehängt, während die zu kalibrierende Antenne über den Heckgalgen heruntergelassen wurde. Der am Antennensystem ankommende Sendepegel wird durch ein zusätzliches, kalibriertes Referenzhydrophon erfasst, welches unmittelbar oberhalb der zu kalibrierenden Antenne angebracht ist. Der Aufbau ist zur Kalibrierung einer Vertikalantenne mit acht Hydrophonen, die einen Abstand von 7 cm untereinander besitzen, verwendet worden [83]. Die Abtastfrequenz betrug $f_s = 15625\,\text{Hz}$, und der akustische Schwerpunkt lag bei ca. 40 m Tiefe. Als Sendewandler wurde bei dieser Anordnung ein zylindrischer Ringwandler verwendet, da sich Sender und Empfänger auf gleicher Tiefe befanden. Bei zu großer räumlicher Ausdehnung des Empfangssystems ist ggf. ein omnidirektionaler Wandler notwendig. Da der Abstand von Sende- und Empfangssystem durch die Schiffslänge begrenzt ist, ist die Messtiefe der beiden Systeme so zu wählen, dass der direkte Puls und der Oberflächenpuls zu trennen sind. Allerdings begrenzt ein mögliches Ausweichen der einzelnen Systeme die Messtiefe.

Mit der Messtiefe ist auch die maximale Pulsdauer eines CW-Pulses (continuous wave) begrenzt. In Abb. 26 sieht man einen Sendepuls mit einer Frequenz von 3000 Hz und einer Pulsdauer von 20 ms sowie den von der Oberfläche reflektierten Puls, der zeitlich getrennt vom direkten Puls ist. Zusätzlich ist die durch

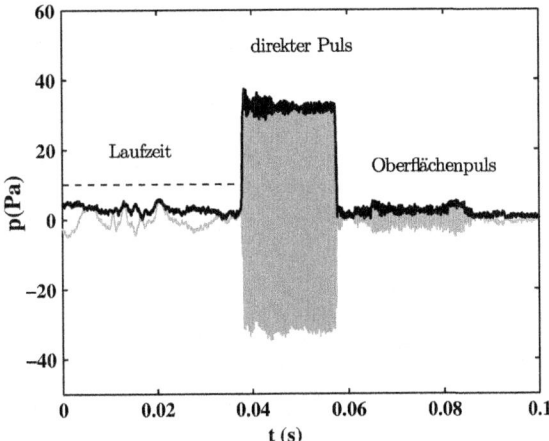

Abb. 26 CW-Puls (continuous wave) zur Kalibrierung einer vertikal abgehängten Wasserschallantenne: Der von der Oberfläche reflektierte Puls ist aufgrund der längeren Laufzeit zeitlich vom direkten Puls separiert und hat eine geringere Amplitude. Die Pulsdauer beträgt 20 ms und die Frequenz $f = 3000$ Hz. Aufgrund des GPS-Triggers lässt sich aus der Ankunftszeit des Pulses, die man in der Zeitreihe ablesen kann, die Laufzeit bestimmen. Die Amplitude (schwarz) ist mittels Hilbert-Transformation aus der Zeitreihe (grau) berechnet worden.

Hilbert-Transformation bestimmte Amplitude des Zeitsignals (schwarze Linie) eingezeichnet. Bei einem LFM-Puls muss darauf geachtet werden, dass eine Trennung im Frequenzraum möglich ist. Durch GPS-gesteuerte Aufzeichnung kann die Laufzeit zwischen Sender und Empfänger und bei bekannter Schallgeschwindigkeit der Abstand r bestimmt werden. Aus dem Abstand erhält man den TL unter der Annahme von $20 \cdot \log_{10}(r/r_0)$, was bei typischen Abständen bei dieser Messmethode eine hinreichend genaue Annahme darstellt. Als Sendepegel wurde SL $= 180\,\mathrm{dB}_{rel\,\mu Pa\,@\,1m}$ verwendet. Diese Größen ermöglichen eine Validierung des Messaufbaus mittels der kalibrierten Referenzhydrophone, die Korrektur des zu kalibrierenden Antennensystems wird aus der Differenz der Empfangspegel ermittelt. Durch die stationäre Anordnung kann die Messung hinreichend oft wiederholt werden, um durch Mittelung die statistischen Schwankungen signifikant zu reduzieren.

Um die Reflexion am Boden zu vermeiden, ist ein Seegebiet, z. B. ein geeigneter Fjord, mit hinreichender Wassertiefe, welches gleichzeitig idealerweise genügend Schutz vor schlechtem Wetter bietet, zu wählen. Diese Methode hat sich für Frequenzen oberhalb von 1 kHz mehrfach bewährt [83].

6.1.2 Geschleppte Systeme

Für eine Schleppantenne oder ein anderes Schleppsystem ist eine statische Kalibriermessung mittels eines abgehängten Senders häufig nicht möglich, da diese Messsysteme in der Regel nicht für den Einsatz als abgehängtes System vorgesehen sind. Um ein geschlepptes Sensorsystem zu kalibrieren, wird eine frei driftende Boje mit einem abgehängten Sender verwendet. Abb. 27 zeigt ein solches Bojensystem bestehend aus einer Kommunikationsboje und einer Elektronikeinheit mit einem abgehängten, zylindrischen Sendewandler. Die Kommunikationsboje ist von der Elektronikeinheit getrennt, welche über Auftriebskörper vom Seegang entkoppelt ist. Beides stellt eine möglichst ruhige Lage des Senders in der Wassersäule sicher.

Diese Boje ist zur Kalibrierung von wandbündigen Hydrophonen des Typs Reson TC4050 und weiteren Hydrophonen im FLAME-Schleppkörper verwendet worden. Die Messungen wurden im Rahmen eines Experiments zum strömungsinduzierten Eigenstörpegel im Sognefjord, Norwegen, durchgeführt [85]. Der Sender war für diese Messung auf einer Tiefe von 90 m unterhalb der Sprungschicht positioniert, und der FLAME Schleppkörper wurde 400 m hinter FS Elisabeth Mann Borgese auf geradem

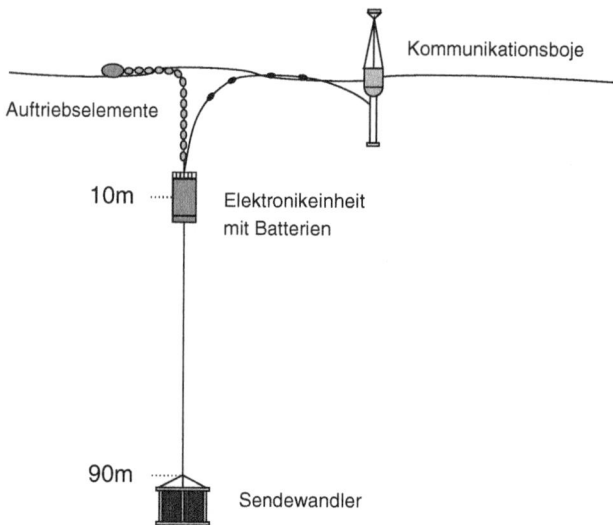

Abb. 27 Frei driftende Sendeboje mit Kommunikations- und Elektronikeinheit: An die Sendeboje können Steuersignale während der Messung über WLAN übermittelt werden, um die Sendeparameter für die verschiedenen Messläufe zu verändern

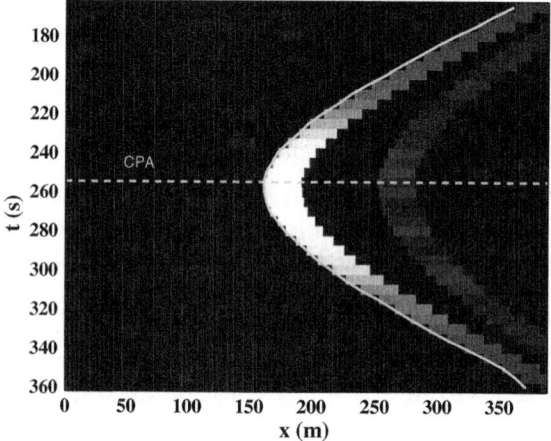

Abb. 28 Amplitude von CW-Pulsen im Zeit-Ort Diagramm beim Vorbeilauf des FLAME Schleppkörpers mit 7 kn Fahrt am Sender auf 90 m Tiefe. Die Pulsdauer beträgt 20 ms, die Frequenz 2250 Hz und die Lotperiode 5 s. Der Oberflächenpuls hat einen längeren Weg als der direkte Puls zurückzulegen und ist daher von diesem räumlich separiert (rechte Pulsfolge). Der zu kalibrierende Sensor ist ein wandbündiges Hydrophon vom Typ Reson TC4050.

Kurs in gleicher Tiefe am Sender vorbei gezogen. GPS-gesteuert wurden mit einer Lotperiode von 5 s kurze CW Pulse von 20 ms Dauer ausgesendet und empfangen. Als Sender wurde ein zylindrischer Sendewandler mit einem Quellpegel von $180\,\mathrm{dB}_{rel\,\mu Pa@1m}$ verwendet.

In Abb. 28 sind in einer Zeit-Ort Darstellung die einzelnen Pulse sowie mit schwächerer Amplitude die an der Wasseroberfläche reflektierten Pulse (Oberflächenpulse) zu sehen. Der dargestellte Abstand x entspricht dem vom Empfänger zum Sender und wird aus der Laufzeit des Pulses ermittelt. Die Annäherung des FLAME Schleppkörpers an den Sender bis zum CPA nach ca. 260 s Messzeit sowie das Ablaufen ist an der Ab- bzw. Zunahme des Abstandes deutlich zu erkennen. Aus dem Abstand lässt sich der Ausbreitungsverlust TL berechnen.

Dargestellt ist hier jeweils nicht die Zeitreihe eines Druckpulses, sondern dessen Amplitude berechnet mittels der Hilbert-Transformation. Generell eignet sich auch eine Fourier-Analyse für die Bestimmung der jeweiligen Pulsamplitude aus dem Amplitudenspektrum.

6.2 Messung physikalischer Parameter

Mittels aktiver Messverfahren lassen sich physikalische Eigenschaften getauchter Objekte und des Meeresbodens sowie die Schallausbreitung im Meer bestimmen. Bei der Analyse von getauchten Objekten wird dabei das Rückstreuverhalten von aktiv ausgesendeten Wasserschallsignalen, zumeist Pulsen, analysiert. Daraus lassen sich dann Reflexionskoeffizienten oder, bei bekannter Objektgeometrie, auch Absorptionskoeffizienten von Beschichtungen des Objektes bestimmen. Bei der Untersuchung der akustischen Eigenschaften des Meeresbodens und der unterliegenden Sedimentschichten werden ebenfalls Wasserschallsignale verwendet, wobei auch bildgebende Verfahren bei der Untersuchung des Meeresbodens eine große Rolle spielen. Mit deren Hilfe lassen sich z. B. bathymetrische Aufnahmen machen oder Objekte auf der Oberfläche des Meeresbodens detektieren.

6.2.1 Rückstreu- und Absorptionsmessungen

Bei einem Rückstreuexperiment werden die akustischen Eigenschaften eines Objektes im Wasser auf Grundlage eines Vergleiches von ausgesandtem und rückgestreutem Schall untersucht. Diese akustischen Rückstreueigensschaften des Objektes hängen dabei sowohl von der Geometrie als auch den verwendeten Materialien ab. Sind die Materialparameter eines Objektes bekannt, so lassen sich die geometrischen Einflüsse separat untersuchen, während umgekehrt bei bekannter Geometrie eine Untersuchung der Materialeigenschaften möglich ist.

In Abb. 29 ist ein Messaufbau dargestellt, der zur Untersuchung der Absorptions- und Reflexionseigenschaften von Streukörpern verwendet werden kann[43]. Die Messungen wurden dabei in See mit dem Forschungsschiff FS PLANET durchgeführt. Da einerseits eine hinreichend große Wassertiefe für dieses Experiment notwendig ist, um Bodenreflexionen zu vermeiden, und andererseits wegen der abgehängten Messsysteme und der dadurch eingeschränkten Manövrierfähigkeit das Schiff verankert werden muss, wurden diese Experimente im norwegischen Bokna-Fjord durchgeführt. Der Fjord ist an einigen Stellen bis zu 1000 m tief, besitzt aber eine Ankerposition, an der die Wassertiefe nur 280 m beträgt. An dieser Stelle kann bis zu einer Windstärke von 6 BF experimentiert werden.

Bei diesem Messaufbau wird ein omnidirektionaler Sender vom Heckgalgen von FS PLANET auf ca. 110 m Tiefe, eine 40 m lange Vertikalantenne mit 161 Hydrophonen mittschiffs auf 90 m (akustischer Schwerpunkt) und das Messobjekt vom Vorschiff mit einem Bordkran auf 70 m Tiefe abgehängt. Der Abstand zwischen Sender und Messobjekt beträgt ca. 65 m. Als Messobjekt wird eine luftgefüllte Stahlkugel mit einem Durchmesser von 1 m und einer Schalendicke von 10 mm verwendet, die mit unterschiedlichen Beschichtungen versehen werden kann. Diese wird zusätzlich mit einem Ballastgewicht versehen, um einen hinreichenden Abtrieb des Gesamtsystems zu erreichen und den Aufbau zu stabilisieren. Oberhalb der Kugel wird ein kalibriertes Hydrophon angebracht.

Mit dieser Messmethode kann z. B. das Absorptionsverhalten von Beschichtungsmaterialien im Frequenzbereich von 5 kHz bis 10 kHz untersucht werden, indem man das Rückstreuverhalten einer beschichteten Kugel mit dem einer unbeschichteten Referenzkugel vergleicht. Für die Messung in diesem Frequenzbereich werden kurze, GPS-getriggerte LFM-Pulse, d. h. lineare modulierte Frequenzsweeps, von 9 ms Dauer und einer Bandbreite von 1 kHz verwendet. Die Daten werden für jedes Hydrophon mit einer Abtastrate $f_s = 31250\,\text{Hz}$ aufgezeichnet. Mittels einer Wellenzahl-Frequenzanalyse der mittleren 65 Hydrophone, die äquidistant in

---
[43] Wissenschaftlicher Fahrtleiter diese Forschungsfahrten war E. Schmidtke (WTD71-FWG) [87,88].

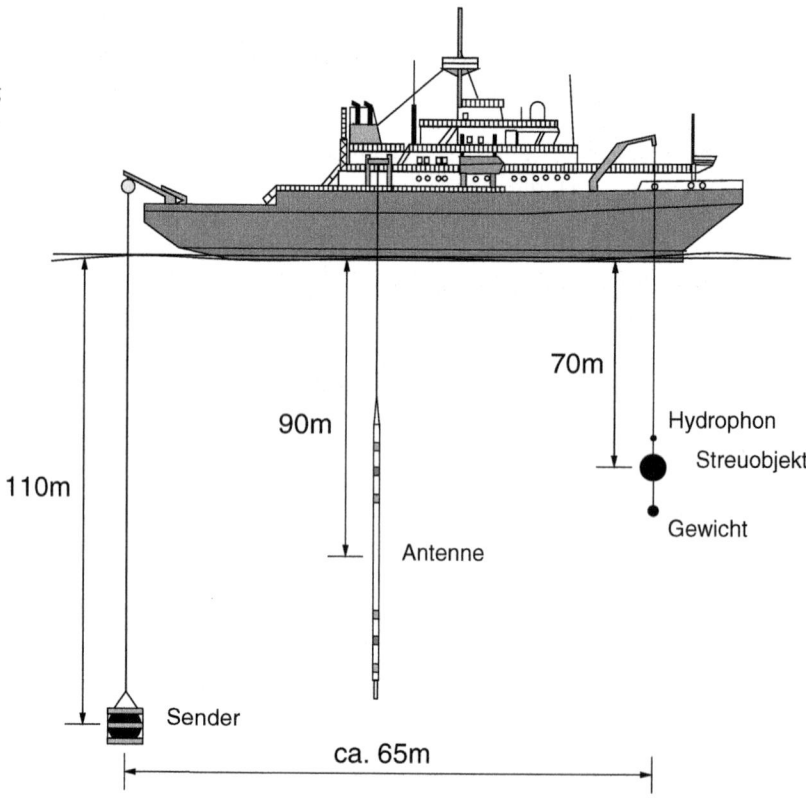

Abb. 29 Schematische Zeichnung einer Messanordnung auf FS PLANET zur Bestimmung des Rückstreumaßes eines getauchten Streukörpers. (Nach Schmidtke [87])

einem Abstand von 7,5 cm angeordnet sind, kann im untersuchten Frequenzbereich der rückgestreute Schall vom Messobjekt von dem vom Ballastgewicht getrennt werden, da die einzelnen Komponenten dieses Messaufbaus tiefensepariert angeordnet sind. Durch Analyse des relevanten Wellenzahl-Frequenzintervalls lässt sich der von der Kugel rückgestreute Schalldruckpegel ermitteln.

6.2.2 Messung der Schallausbreitung

Vom messtechnischen Standpunkt aus lassen sich Experimente zur Schallausbreitung auf unterschiedliche Weise realisieren. Da man in der Regel an der Ausbreitung auf große Distanzen bis zu mehreren zehn Kilometern interessiert ist, sind Sender und Empfänger voneinander getrennt. Man kann dazu ein verankertes Empfangssystem verwenden und einen Sender von einem treibenden Schiff abhängen. Mit dem Schiff lassen sich dann mehrere Positionen nacheinander anfahren und so die Schallausbreitung über verschiedene Abstände systematisch untersuchen. Abb. 30 zeigt einen derartigen Aufbau für die Untersuchung der Schallausbreitung im Flachwasser, wie er für Messungen in der Umgebung der Forschungsplattform FINO3 verwendet wurde [67, 68]. Für diese Messungen wurden komplexe Sequenzen von CW- und LFM-Pulsen in unterschiedlichen Frequenzbereichen verwendet [66]. Ein Ziel derartiger Untersuchungen ist das Verständnis der Variabilität der Schallausbreitung sowie die Validierung von Modellannahmen [67, 89]. Anstelle eines Senders kann auch eine Airgun verwendet werden, die einen kurzen Druckstoß aussendet [69, 90].

Für Schallausbreitungsmessungen lassen sich auch andere Messanordnungen verwenden. So kann bei Tiefwassermessungen anstelle eines verankerten Systems auch ein frei driftendes Bojensystem als Empfangs- oder auch als Sendesystem, wie es in Abschn. 4.3 bzw. 6.1.2 dargestellt wurde, verwendet werden. Im letzteren Fall wäre das Empfangssystem an Bord

Wasserschallmessungen

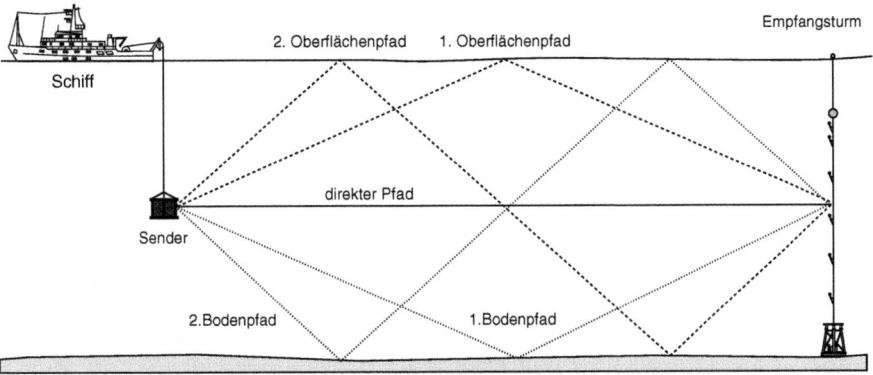

Abb. 30 Schematischer Aufbau zur Untersuchung der Schallausbreitung im Flachwasser mit verankertem Empfangsturm und abgehängtem Sendewandler. Die Komplexität der Schallausbreitung ist durch die Mehrfachreflexion an Meeresboden und -oberfläche angedeutet. Die Darstellung ist nicht maßstabsgetreu und vereinfacht. Man ist typischerweise an der Ausbreitung über große Entfernungen in der Größenordnung von einigen wenigen bis mehreren zehn Kilometern interessiert, sodass ein Vielfaches an Reflexionen stattfindet. Zudem ist die Wassersäule vereinfacht als homogen dargestellt. (Nach Gerdes und Görler [67])

eines Schiffes. Dieses kann entweder abgehängt oder geschleppt betrieben werden.

6.2.3 Untersuchung des Meeresbodens

Der Meeresboden wird ebenfalls mittels aktiver Wasserschallmesssysteme untersucht. Dabei unterscheidet man im Wesentlichen zwischen Systemen, deren Schallsignale in den Meeresboden eindringen können, und Systemen, mit deren Hilfe man die Oberfläche des Meeresbodens abbilden kann. Mithilfe von bildgebenden Verfahren lassen sich z. B. Objekte wie Wracks oder Altmunition auf dem Boden des Meeres detektieren und identifizieren [91]. Für diese Verfahren werden Seitensichtsonare oder Fächerlote verwendet.

Bei Seitensichtsonaren *(sidescan sonar)* handelt es sich um hochfrequente Sonare, die seitlich an einem Schleppkörper oder einem autonomen Unterwasserfahrzeug befestigt sind, welche sich während einer Messung in einem geringen Abstand oberhalb des Meeresbodens auf geradem Kurs bewegen. Dabei senden sie zu beiden Seiten mit einer festen Lotperiode Sendepulse aus und der vom Boden rückgestreute Schall wird mit ebenfalls seitlich befestigten Antennen empfangen und zu einem Streifen eines Bildes weiterverarbeitet. Das Prinzip des Seitensichtsonars sowie die Datenauswertung sind von Wille [54] und Blondel [92] umfassend dargestellt worden[44].

Neuere Entwicklungen zur Verbesserung des Auflösungsvermögens von Seitensichtsonaren basieren auf dem Prinzip der synthetischen Apertur (SAS), welches eine hohe Anforderung an die Genauigkeit der Position des Schleppkörpers oder des AUV (autonomous underwater vehicle) stellt [93]. Ein Beispiel für ein synthetisches Apertur Sonar ist das System VISION 1200 von Atlas Elektronik bestehend aus einem hochfrequenten (Mittenfrequenz 150 kHz) und einem mittelfrequenten (Mittenfrequenz 75 kHz) Sonar. Dieses wird von der WTD 71 auf einem AUV vom Typ SeaOtter MkII mit einem zusätzlichen tieffrequenten Sonar (Mittenfrequenz 20 kHz) betrieben, um aufliegende und versandete Objekte auf oder unterhalb des Meeresbodens zu detektieren [94].

Ein Fächerlot *(multibeam echosounder)* ist hingegen direkt im Boden eines Schiffes befestigt [95]. Es besteht aus einer linearen Anordnung von mehreren Sendewandlern in Fahrtrichtung

---

[44] In dem Buch von Herrn Prof. Wille, dem ehem. Direktor der Forschungsanstalt der Bundeswehr für Wasserschall und Geophysik (FWG), findet sich insbesondere auch eine umfangreiche Zusammenstellung von Bildern des Meeresbodens.

und einer Empfangsantenne, die senkrecht dazu angeordnet ist (*Mills cross* Anordnung). Durch die Senderanordnung wird der Sendepuls in Fahrtrichtung gebündelt, sodass sich eine fächerartige Ausbreitung des Sendepulses querab zum Schiff ergibt. Der vom Boden reflektierte Schall wird mittels einer senkrecht zur Fahrtrichtung ausgerichteten Antenne empfangen und in einen Streifen eines Oberflächenbildes umgerechnet. Durch aufeinander folgende Pulse des Schiffes in Fahrt ergibt sich dann ein Bild der Meeresbodens. Je nach Einsatzweck und -tiefe gibt es Fächerlote im Frequenzbereich zwischen zehn und mehreren hundert kHz. Tieffrequente Fächerlote im Bereich von 10 kHz können bei deutlich größeren Wassertiefen als Seitensichtsonare eingesetzt werden und sind damit für die Tiefseeforschung ein wichtiges Messsystem. Fächerlote werden aber nicht nur zur Bathymetrie, sondern auch zur Untersuchung von Gasblasen in der Wassersäule verwendet [96].

Zur Untersuchung der akustischen Eigenschaften des Sedimentes können Sedimentsonare (*sub bottom profiler*) eingesetzt werden, die bei deutlich niedrigeren Frequenzen als bildgebende Verfahren arbeiten, damit der Schall in den Meeresboden eindringen kann [48]. Bei gleichzeitigem Betrieb von Sedimentsonaren und Seitensichtsonaren ergibt sich ein umfassenderes Bild des Meeresbodens, z.B. von der Lage versandeter Objekte [97–99].

Für die Untersuchung tieferer Sedimentschichten unterhalb des Meeresbodens, z.B. zur Exploration von Erdölfeldern, werden geschleppte Messsysteme verwendet, die aus einer oder mehreren Airguns und mehreren Schleppantennen bestehen. Die Schleppantennen können mehrere Kilometer lang sein und jeweils mehrere hundert bis tausend Hydrophone besitzen. Dabei können zehn oder mehr derartiger Antennen parallel auf eine Schlepptiefe von nur wenigen zehn Metern geschleppt werden. Die Antennen werden dabei durch Schleppdrachen seitlich auf Position gehalten. In manchen Fällen werde die Airguns und die Antennensysteme auch getrennt von mehreren Schiffen geschleppt, um aufgrund der Signallaufzeit im Verhältnis zur Schleppgeschwindigkeit das Antennenfeld besser ausnutzen zu können. Der von den Airguns ausgesandte Puls wird von den Sedimentschichten zeitverzögert und ihren Reflexionskoeffizienten entsprechend reflektiert und mit dem Antennenfeld hinter dem Schiff aufgezeichnet. Diese Signale werden in ein 3D Bild des Sedimentes umgerechnet. Da der Frequenzbereich dieser Systeme auf wenige hundert Hertz beschränkt ist, stellt das strömungsinduzierte Eigenstörgeräusch eine wichtige, geschwindigkeitsabhängige Störgröße dar, welche die Leistungsfähigkeit dieser Systeme begrenzt [22].

7 Anhang

7.1 Schmalbandanalyse

Bei einer Schmalbandanalyse lassen sich die Komponenten der spektralen Leistungsdichte $\Phi(f_j)$ aus einer zu N Zeitpunkten mit der Abtastrate Δt abgetasteten, diskreten Druckzeitreihe $p(t_n)$ ($t_n = n\Delta t, n = 0, \ldots, N-1$) mithilfe der diskreten Fourier-Transformation für die (positiven) Frequenzen $f_j = j \cdot \Delta f$ ($j = 0 \ldots N/2$) berechnen[45]:

$$\Phi(f_j) = \frac{2}{\Delta f} \left\langle \left| \frac{1}{N} \sum_{n=0}^{N-1} p_w(t_n) e^{-2\pi i t_n f_j} \right|^2 \right\rangle_{n_a} \quad (30)$$

Dabei bezeichnen $p_w(t_n)$ die mit einer Fensterfunktion gewichteten Druckwerte. Aufgrund der endlichen Messzeit T wird jedes Wasserschallsignal im Messintervall implizit mit Gewichtsfaktoren $w_n = 1$ gefenstert, während diese außerhalb des Intervalls null sind. Für die gewichteten Druckwerte ergibt sich für ein Rechteckfenster direkt $p_w(t_n) = w_n \cdot p(t_n) = p(t_n)$, d.h. die gemessenen Druckwerte werden nicht explizit gewichtet. Die Analysebandbreite Δf ergibt sich dabei aus der Messzeit T über $\Delta f = 1/T$.

Der spektrale Leck-Effekt ist bei einem Rechteckfenster allerdings sehr ausgeprägt, sodass bei passiven Wasserschallmessungen, also

---

[45]Für die Komponenten der spektralen Leistungsdichte $\Phi(f_j)$ gilt: $(N\Delta t)^{-1} \sum_{n=0}^{N-1} p^2(t_n) = \sum_{j=0}^{N/2} \Phi(f_j) \Delta f$.

Wasserschallmessungen

bei Messungen, bei denen nicht die Rückstreuung eines zuvor aktiv ausgesandten Signals analysiert wird, häufig eine andere Fensterfunktion verwendet wird. Da ein Wasserschallsignal zumeist sowohl Frequenzlinien als auch breitbandige Anteile besitzt, wird in der Regel ein Kompromiss zwischen Leck-Effekt und Bandbreite gesucht. Nicht unüblich ist die Verwendung des Hamming-Fensters $w_n = (\alpha - \beta \cos(2\pi n/N))$ mit den Koeffizienten $\alpha = 0{,}54$ und $\beta = 0{,}46$. Das Hamming-Fenster besitzt spektral zwar ein breiteres Hauptmaximum als das Rechteckfenster, reduziert aber den spektralen Leck-Effekt signifikant. Insbesondere das erste Nebenmaximum ist relativ zum Hauptmaximum um $-41\,\mathrm{dB}$ abgesenkt (anstelle der $-13\,\mathrm{dB}$ beim Rechteckfenster), was eine bessere Auflösung benachbarter Frequenzlinien erlaubt. Ferner ist der maximale Abtastfehler beim Hamming-Fenster mit $1{,}78\,\mathrm{dB}$ deutlich geringer als beim Rechteckfenster, wo dieser $3{,}92\,\mathrm{dB}$ beträgt.

Um die durch die Fensterung verringerte Energie im Signal zu kompensieren, ist eine Normierung auf den Effektivwert $\tilde{w}$ des Fensters notwendig. Für das Hamming-Fenster ergibt sich der Effektivwert direkt aus den Koeffizienten mit $\tilde{w} = \sqrt{(2\alpha^2 + \beta^2)/2}$. Für die Berechnung der Komponenten der spektralen Leistungsdichte $\Phi(f_j)$ mit Hamming-Fensterung nach Gl. 32 sind daher die gewichteten und normierten Druckwerte $p_w(t_n) = w_n \cdot p(t_n)/\tilde{w}$ zu verwenden. Die äquivalente Rauschbandbreite des Hamming-Fensters beträgt $\Delta f_\mathrm{eff} = 1{,}36 \Delta f$. Sie stellt die Breite eines idealen spektralen Rechteckfilters dar, welcher die gleiche Gesamtleistung wie die Übertragungsfunktion der Fensterfunktion $W(f)$ besitzt.[46] Für das Hamming-Fenster gilt $\Delta f_\mathrm{eff} = \Delta f \cdot \tilde{w}^2/\bar{w}^2$.

Die in Gl. 32 angegebenen Schätzer der spektralen Leistungsdichte liefern einen konsistenten Schätzwert für den Rauschpegel eines Wasserschallsignals, sofern eine Mittelung über eine hinreichende Anzahl von Kurzzeitspektren durchgeführt wird. Dieses wird durch die Klammern $\langle \ldots \rangle_{n_a}$ ($n_a = 1, \ldots, N_a$) in Gl. 32 symbolisiert. In der Praxis stellt die gewählte Anzahl einen Kompromiss zwischen zur Verfügung stehender Messzeit und gewünschter Analysebandbreite dar. Die Messzeit ist beispielsweise dadurch begrenzt, dass das zu messende Schiff am Messsystem vorbeifährt.

7.2 Amplitudenkorrektur

Außer bei einem Rechteckfenster, bei dem $\Delta f = \Delta f_\mathrm{eff}$ gilt, liefert ein nach Gl. 18 berechnetes Amplitudenspektrum für eine Frequenzlinie wegen der spektralen Verbreiterung durch die Fensterung nicht den korrekten Wert der Amplitude, sondern unterschätzt diesen systematisch, da ein Teil der spektralen Leistung symmetrisch auf die benachbarten Seitenbänder verteilt wird. Zu korrigieren ist dieses durch den Amplitudenkorrekturfaktor $\tilde{w}^2/\bar{w}^2$. Das Amplituden-korrigierte Amplitudenspektrum ergibt sich dann aus:

$$A_{korr}(f_j) = \sqrt{P_{korr}(f_j)} \quad \text{mit} \quad P_{korr}(f_j) = \Phi(f_j) \frac{\tilde{w}^2}{\bar{w}^2} \Delta f = \Phi(f_j) \cdot \Delta f_\mathrm{eff} \quad (31)$$

Ein auf diese Art berechnetes Amplitudenspektrum liefert den korrekten Wert für die Amplitude eines periodischen Prozesses, aber aufgrund der Verbreiterung durch die Fensterung einen zu hohen Wert in der spektralen Energie. Bei der Spektralanalyse von gefensterten Wasserschallsignalen ist dieser Unterschied zu beachten.

7.3 Wellenzahl-Frequenzspektrum

Ein Wellenzahl-Frequenzspektrum lässt sich für eine Linearantenne aus M Hydrophonen, die einen äquidistanten Abstand d besitzen, analog zum Schmalbandspektrum (Abschn. 7.1) mittels einer zweidimensionalen Fourier-Transformation berechen:

---

[46] Die äquivalente Rauschbandbreite ergibt sich aus $df_\mathrm{eff} \cdot \max|W(f)|^2 = \int_{-\infty}^{\infty} |W(f)|^2 \, df$. In der Regel gilt bei Fensterfunktionen $\max|W(f)|^2 = |W(f=0)|^2$.

$$\Phi(f_j,k_l) = \frac{2}{\Delta f \, \Delta k} \left\langle \left| \frac{1}{N \cdot M} \sum_{m=0}^{M-1} \sum_{n=0}^{N-1} \right. \right.$$
$$\left. \left. p_{w,u}(t_n,x_m) e^{-2\pi i (t_n f_j + k_l x_m)} \right|^2 \right\rangle_{n_a} \quad (32)$$

mit $k_l = l \Delta k$ $(l = m - M/2)$. Dabei werden wiederum die gewichteten Druckzeitreihen $p_{w,u}(t_n,x_m) = w_n \cdot u_m \cdot p(t_n,x_m) = p(t_n)$ betrachtet. Für die einzelnen Zeitsignale wird in der Regel analog zur Schmalbandanalyse eine Fensterfunktion wie z. B. das Hamming-Fenster explizit gewählt. Ob eine räumliche Fensterung abweichend vom Rechteckfenster $u_m = 1$ sinnvoll ist, hängt von der Messaufgabe ab. Die Analysebandbreite im Wellenzahlraum Δk ergibt sich dabei direkt aus der (akustischen) Antennenlänge $L = d \cdot M$ über $\Delta k = 1/L$.

Literatur

1. Kinsler, L.E., Frey, A.R., Coppens, A.B., Sanders, J.V.: Fundamentals of Acoustics, 4. Aufl. Wiley, New York (2000)
2. Jackson, J.D.: Classical Electrodynamics, 3. Aufl. Wiley, New York (1999)
3. Siegel, M.: Einführung in die Physik und Technik der Unterwasser-Schallsysteme. ATLAS Elektronik, Bremen (2005)
4. Lurton, X.: An Introduction to Underwater Acoustics: Principles and Applications. Springer, Chichester (2002)
5. Marage, J.-M., Mori, Y.: Sonar and Underwater Acoustics. Wiley & ISTE, London (2010)
6. Hodges, R.P.: Underwater Acoustics: Analysis, Design and Performance of Sonar. Wiley, Chichester (2010)
7. Bree, H.-E. de, Tijs, E., Akal, T.: The Hydroflown: MEMS-based underwater acoustical particle velocity sensor, results of lab tests and sea trials. In: Proceedings of the 10th European Conference on Underwater Acoustics (Ed. Tuncay Akal), Istanbul (2010)
8. Nehorai, A., Paldi, E.: Acoustics vector-sensor array processing. IEEE Trans. Signal Process. **42**, 2481–2491 (1994)
9. Gur, B.: Particle velocity gradient based acoustic mode beamforming for short linear vector sensor arrays. J. Acoust. Soc. Am. **135**, 3463–3473 (2014)
10. Urban, H.G.: Handbuch der Wasserschalltechnik. STN ATLAS Elektronik, Bremen (2000)
11. Müller, A., Zerbs, C.: Offshore-Windparks, Messvorschrift für Unterwasserschallmessungen. BSH Standard. http://www.bsh.de/de/Produkte/Buecher/Standard/Messvorschrift.pdf (2011)
12. Au, W.W.L., Hasting, M.C.: Principles of Marine Bioacoustics. Springer, New York (2008)
13. Au, W.W.L., Lammers, M.O. (Hrsg.): Listening in the Ocean. Springer, New York (2016)
14. DIN EN 61260-1:2014-10: Elektroakustik – Bandfilter für Oktaven und Bruchteile von Oktaven – Teil 1: Anforderungen (IEC 61260-1:2014)
15. Bulter, J.L., Sherman, C.H.: Transducers and Arrays for Underwater Sound, 2. Aufl. Springer, Switzerland (2016)
16. Standsfield, D.: Underwater Electroacoustic Transducers. Peninsula, Los Altos Hills (1991)
17. Datenblatt Reson 4014-5 und Reson 4032. http://www.teledyne-reson.com/product-category/hydrophones/
18. Schmidtke, E.: Kreisarray zur Richtungsbestimmung akustischer Signale. Fortschritte der Akustik – DAGA 2016, Aachen, 147–149 (2016)
19. Stiller, D.: Untersuchungen von Merkmalen von Kontakten zur Zielverfolgung von Kleinzielen. Fortschritte der Akustik – DAGA 2017, Kiel, 1401–1402 (2017)
20. Naidu, P.S.: Sensor Array Signal Processing. CRC, Boca Raton (2001)
21. Maiwald, D., Benen, S., Schmidt-Schierhorn, H.: Space-time signal processing for surface ship towed active sonar. In: Klemm, R. (Hrsg.) Application of Space-time Adaptive Processing. The Institution of Engineering and Technology, London (2009)
22. Elboth, T.: Noise in marine seismic data. Doctoral thesis, Faculty of Mathematics and Natural Sciences, University of Oslo, ISSN 1501-7710. http://urn.nb.no/URN:NBN:no-25700 (2010)
23. Brekhovskikh, L.M., Lysanov, Y.P.: Fundamentals of Ocean Acoustics, 2. Aufl. Springer, Berlin (1991)
24. Medwin, H.: Sounds in the Sea: From Ocean Acoustics to Acoustical Oceanography. Cambridge University Press, Cambridge (2005)
25. Katsnelson, B., Petnikov, V., Lynch, J.: Fundamentals of Shallow Water Acoustics. Springer, New York (2012)
26. Ross, D.: Mechanics of Underwater Noise. Pergamon, New York (1972)
27. Urick, R.J.: Principles of Underwater Sound. Peninsula, Los Altos (1983)
28. Scrimger, P., Heitmeyer, R.M.: Acoustic source-level measurements for a variety of merchant ships. J. Acoust. Soc. Am. **89**, 691–699 (1991)
29. Arveson P.T., Vendittis D.J.: Radiated noise characteristics of a modern cargo ship. J. Acoust. Soc. Am. **107**, 118–129 (2000)
30. Wales, S., Heitmeyer, R.: An ensemble source spectra merchant ship radiated noise. J. Acoust. Soc. Am. **111**, 1211–1231 (2002)
31. Erbe, C., MacGillivray A., Williams R.: Mapping cumulative noise from shipping to inform marine spatial planning. J. Acoust. Soc. Am. **132**, EL423–EL428 (2012)
32. MacKenna, M.F., Ross, D., Wiggins, S.M., Hildebrand, J.A.: Underwater radiated noise from

modern commercial ships. J. Acoust. Soc. Am. **131**, 92–103 (2012)
33. Wittekind, D.K.: A simple model for the underwater noise source level of ships. J. Ship Prod. Des. **30**, 1–8 (2014)
34. Galka, A., Abshagen, J., Stoltenberg, A., Nejedl, V.: Optimal frequency bands for modeling the coupling of structure-borne to underwater sound of a surface vessel. IEEE J. Oceanic Eng. **42**, 410–423 (2017)
35. Jansen, E., Jong, C. de: Experimental assessment of underwater acoustic source levels of different ship types. IEEE J. Oceanic Eng. **42**, 439–448 (2017)
36. Schäl, S.: Hydro acoustical range facilities in Germany. In: Proceedings of the Joint Congress CFA/DAGA'04, Strasbourg, 335–336 (2004)
37. Schäl, S., Homm, A.: Radiated underwater noise levels of two research vessels, evaluated at different acoustic ranges in deep and shallow water. In: Proceedings of the 11th European Conference on Underwater Acoustics, Edinburgh (2012)
38. DIN ISO 17208-1:2017-07 Entwurf: Unterwasserakustik – Physikalische Größen und Verfahren zur Beschreibung und Messung des Wasserschalls von Schiffen – Teil 1: Anforderungen an Präzisionsmessungen im Tiefwasser für Vergleichszwecke (ISO 17208-1:2016)
39. Homm, A.: Internationale Aktivitäten im Hinblick auf die Reduzierung der Wasserschallabstrahlung von Handelsschiffen. Fortschritte der Akustik – DAGA 2011, Düsseldorf, 415–46 (2011)
40. Homm, A.: Internationale Standardisierung zur Vermessung des abgestrahlten Wasserschalls von Handelsschiffen. Fortschritte der Akustik – DAGA 2014, Oldenburg, 676–677 (2014)
41. Wenz, G.M.: Acoustic ambient noise in the ocean: spectra and sources. J. Acoust. Soc. Am. **34**, 1936–1956 (1962)
42. Abshagen, J., Pfister, G., Mullin, T.: Gluing bifurcations in a dynamically complicated extended flow. Phys. Rev. Lett. **87**, 224501 (2001)
43. Abshagen, J., Heise, M., Pfister, G., Mullin, T.: Multiple localized states in centrifugally stable rotating flow. Phys. Fluids (Lett.) **22**, 021702 (2010)
44. Abshagen, J., Timmermann, A.: An organizing center for thermohaline excitability. J. Phys. Oceanogr. **34**, 2756–2760 (2004)
45. Dahl, P.H., Miller, J.H., Cato, D.H., Andrew, R.K.: Underwater ambient noise. Acoust. Today **2**, 23–33 (2007)
46. Carey, W.M., Evans, R.B.: Ocean Ambient Noise: Measurement and Theory, Springer, New York (2011)
47. Carey, W.M.: Lloyd's mirror-image interference effects. Acoust. Today **5**, 14–20 (2009)
48. Jackson, D.R., Richardson, M.D.: High-Frequency Seafloor Acoustics. Springer Science+Business Media, LLC, New York (2007)
49. Thiele, R., Schellstede, G.: Standardwerte zur Ausbreitungsdämpfung in der Nordsee. FWG-Bericht 1980-7. Forschungsanstalt der Bundeswehr für Wasserschall und Geophysik (1980)
50. Wildemann, M., Müller, A., Zerbs, C., Gerdes, F.: Messung des Rammschalls an der Forschungsplattform FINO 3 Parametervariabilität der Schallausbreitung. Fortschritte der Akustik – DAGA 2017, Kiel, 174–177 (2017)
51. Del Grosso, V.A.: New equation for the speed of sound in natural waters (with comparisons to other equations). J. Acoust. Soc. Am. **56**, 1084–1091 (1974)
52. Mackenzie, K.V.: Nine-term equation for the sound speed in the oceans. J. Acoust. Soc. Am. **70**, 807–812 (1981)
53. Wille, P.: Acoustical properties of the ocean. In: Landolt-Börnstein, Gierloff-Emden, H.G., Hojerslev, N.K., Krause, G., Peters, H., Siedler, G., Weichart, G., Wille, P. (Hrsg.) New Series/Geophysics V/3 A (Oceanography), S. 265–382. Springer, Berlin (1986)
54. Wille, P.C.: Sound Images of the Ocean. Springer, Berlin (2005)
55. National Physical Laboratory (NPL), UK: Technical guides – speed of sound in sea-water (Contact: Stephen Robinson). http://resource.npl.co.uk/acoustics/techguides/soundseawater/
56. Leroy, C.C., Robinson, S.P., Goldsmith, M.J.: A new equation for the accurate calculation of sound speed in all oceans. J. Acoust. Soc. Am. **124**, 2774–2782 (2008)
57. Sellschopp, J., Arneborg, L., Knoll, M., Fiekas, V., Gerdes, F., Burchard, H., Lass, H.U., Mohrholz, V., Umlauf, L.: Direct observations of a medium-intensity inflow into the Baltic Sea. Cont. Shelf Res. **26**, 2393–2414 (2006)
58. Jensen, F.B., Kuperman, W.A., Proter, M.B., Schmidt, H.: Computational Ocean Acoustics, 2. Aufl. Springer, New York (2011)
59. Etter, P.C.: Underwater Acoustic Modelling and Simulation, 4. Aufl. CRC, Boca Raton (2013)
60. Colosi, J.A.: Sound Propagation through the Stochastic Ocean. Cambridge University Press, New York (2016)
61. Thalheim, B., Nissen, I.: Wissenschaft und Kunst der Modellierung: Kieler Zugang zur Definition, Nutzung und Zukunft. Philosophische Analyse/Philosophical Analysis, Bd. 64. De Gruyter, Berlin (2015)
62. Namenas, A., Kaak, T., Schmidt, G.: Real-time simulation of underwater acoustic channels. Fortschritte der Akustik – DAGA 2017, Kiel, 168–171 (2017)
63. Gerdes, F., Abshagen, J., Zerbs, C., Zürn, O., Müller, A.: Measurements of underwater sound at the offshore wind farms Borkum West II and alpha ventus. In: Proceedings of AIA-DAGA 2013, Merano (Italy), 2337–2340 (2013)
64. DIN SPEC 45653:2017-04: Hochseewindparks – Insitu-Ermittlung der Einfügungsdämpfung schallreduzierender Maßnahmen im Unterwasserbereich

65. Estorff, O. von (Projektleiter): Schlussbericht des Verbundprojektes BORA: Entwicklung eines Berechnungsmodells zur Vorhersage des Unterwasserschalls bei Rammarbeiten zur Gründung von OWEA. FKZ 0325421A/B/C gefördert durch das Bundesministerium für Wirtschaft und Energie. http://bora.mub.tuhh.de/media/BORA$_$Abschlussbericht-BMWi-FKZ0325421.pdf (2016)
66. Gerdes, F., Görler, M.: Charakterisierung der Unterwasserschallausbreitung mit definierten akustischen Signalen bei der Forschungsplattform FINO3. DAGA 2014, Oldenburg, 459–460 (2014)
67. Gerdes, F., Görler, M.: Untersuchungen der Variabilität der Unterwasserschallausbreitung in der Nordsee. Fortschritte der Akustik – DAGA 2016, Aachen, 143–146 (2016)
68. Görler, M., Gerdes, F.: Messsystem zur Erfassung des Unterwasserschalls bei der Forschungsplattform FINO3. Fortschritt der Akustik – DAGA 2014, Oldenburg, 461–462 (2014)
69. Gerdes, F., Görler, M., Wildemann, M., Müller, A., Zerbs, C.: Measurements of pile driving noise at the research platform FINO3. In: Kropp, W., Estorff, O. von, Schulte-Fortkamp B. (Hrsg.) Proceedings of the 45th International Congress on Noise Control Engineering, INTER-NOISE 2016, German Acoustical Society, 7126–7133 (2016)
70. Nejedl, V., Abshagen, J., Stoltenberg, A., Lühder, R.: Free-field measurements of RV PLANET – aspect angle variability. In: Proceedings of AIA-DAGA 2013, Merano (Italy), 1019–1022 (2013)
71. Nejedl, V., Stoltenberg, A., Schulz J.: Free-field measurements of the radiated and structure-borne sound of RV PLANET. In: Proceedings 11th European Conference Underwater Acoustics, 02–06.07.2012, Edinburgh, 814–821 (2012)
72. Nejedl, V., Ehrlich, J., Kubaczyk, C.: Freefield measurements of radiated and structure borne sound of a ship. In: Proceedings of the Joint Congress CFA/DAGA'04, Strasbourg, 337–338 (2004)
73. Nejedl, V., Stoltenberg, A., Karstens, J.: Freifeldmessungen zur Geräuschabstrahlung von Schiffen. Fortschritte der Akustik – DAGA 2012, Darmstadt, 137–138 (2012)
74. McDonough, R.N., Whalen, A.D.: Detection of Signals in Noise, 2. Aufl. Academic, San Diego (1995)
75. Schäl, S.: Underwater noise pollution by merchant ships. In: Proceedings of AIA-DAGA 2013, Merano (Italy), 1015–1018 (2013)
76. Wittekind, D., Schuster, M., Landsberg, N., Greitsch, L.: Analyzing underwater radiated noise of a 3600 TEU containership. Fortschritte der Akustik – DAGA2017, Kiel, 1376–1379 (2017)
77. Schäl, S.: Fragliche hydroakustische Messgenauigkeit von Schiffen. Fortschritte der Akustik – DAGA2017, Kiel, 1380–1382 (2017)
78. Schäl, S., Homm, A.: Vergleich von Wasserschallmessungen im Tiefwasser und Flachwasser unter Verwendung reproduzierbarer Schallquellen. Fortschritte der Akustik – DAGA 2012, Darmstadt, 135–136 (2012)
79. Sellschopp, J.: A towed CTD chain for two-dimensional high resolution hydrography. Deep Sea Res. Part I: Oceanogr. Res. Pap. **44**, 147–165 (1997)
80. Maguer, A., Dymond, R., Mazzi, M., Biagini, S., Fioravanti, S., Guerrini, P.: SLITA: A new slim towed array for AUV applications. In: Proceedings Acoustics'08, 141–146 (2008)
81. Keith, W.L., Cipolla, K.M., Furey, D.: Turbulent wall pressure fluctuation measurements on a towed model at high reynolds numbers. Exp. Fluids **46**, 181–189 (2009)
82. Abshagen, J., Nejedl, V.: Turbulentes Strömungsgeräusch an gekrümmten Schleppantennen. Fortschritte der Akustik – DAGA 2010, Berlin, 693–694 (2010)
83. Abshagen, J. Nejedl, V.: Turbulentes Stömungsgeräusch in einer hydroakustischen Antenne mit Querschnittserweiterung. Fortschritte der Akustik – DAGA 2017, Kiel, 1535–1536 (2017)
84. Abshagen, J., Nejedl, V.: Towed body measurements of flow noise from a turbulent boundary layer under sea conditions. J. Acoust. Soc. Am. **135**, 637–645 (2014)
85. Abshagen, J., Küter, D., Nejedl, V.: Flow-induced interior noise from a turbulent boundary layer of a towed body. Adv. Aircr. Spacecr. Sci. **3**, 259–269 (2016)
86. DIN EN 60565:2007-08: Wasserschall – Hydrophone – Kalibrierung im Frequenzbereich von 0,01 Hz bis 1 MHz (IEC 60565:2006)
87. Schmidtke, E.: Tiefwassermessungen zum Zielmaß von Testkörpern. Fortschritte der Akustik – DAGA 2015, Nürnberg, 619–621 (2015)
88. Schmidtke, E.: Fortsetzung der Tiefwassermessungen zum Zielmaß von Testkörpern. Fortschritte der Akustik – DAGA 2017, Kiel, 1403–1405 (2017)
89. Nissen, I., Kochańska, I.: Stationary underwater channel experiment: Acoustic measurements and characteristics in the Bornholm area for model validations. Hydroacoustics **19**, 285–296 (2016)
90. Görler, M., Gerdes, F.: Unterwasserschallmessungen bei der Forschungsplattform FINO3. Fortschritte der Akustik – DAGA 2015, Nürnberg, 1477–1479 (2015)
91. Jans, W., Reuter, M., Behringer, S., Bohlmann, S.: Probing the seafloor in order to find dumped ammunition and other hazardous materials. In: Aschenbruck, N., Martini, P., Meier, M., Tölle, J. (Hrsg.) Future Security. Communications in Computer and Information Science, Bd. 318. Springer, Berlin (2012)
92. Blondel, P.: The Handbook of Sidescan Sonar. Geophysical Sciences. Springer, Berlin (2009)
93. Hansen, R.E.: Introduction to synthetic aperture sonar. In: Kolev, N. (Hrsg.) Sonar Systems, ISBN: 978-953-307-345-3. http://www.intechopen.com/books/sonar-systems/introduction-to-synthetic-aperture-sonar (2011)

94. Ehrlich, J., Schmaljohann, H.: Numerische Simulation von Synthetic Aperture Sonar. Fortschritte der Akustik – DAGA 2017, Kiel, 1393–1396 (2017)
95. Abegg, C.: Auslegung eines akustischen Fensters für eine eisfeste Fächerlotanlage. Fortschritte der Akustik – DAGA2017, Kiel, 182–185 (2017)
96. Urban, P., Köser, K., Greinert, J.: Processing of multibeam water column image data for automated bubble/seep detection and repeated mapping. Limnol. Oceanogr.: Methods **15**(1), 1–21 (2017)
97. Wever, T.F., Fiedler, H.M., Fechner, G., Abegg, F., Stender, I.H.: Side-scan and acoustic subbottom characterization of the sea floor near the dry Tortugas, Florida. Geo-Marine Lett. **17**, 246–252 (1997). https://doi.org/10.1007/s003670050034
98. Peine, H., Brecht, D.: Detection of objects buried in the seafloor: experimental sediment sonar EXSESO. In: Proceedings of the Joint Congress CFA/DAGA'04, Strasbourg, 333–334 (2004)
99. Peine, H., Brecht, D., Fedders, B.: Detection of objects buried in the seafloor. Acta Acustica United with Acustica **92**(1), 150–152(3) (2006)

Printed by Printforce, the Netherlands